化工制图习题集

第 2 版

赵 扬　蔡庄红　主编

· 北京 ·

内 容 简 介

本习题集是"十四五"职业教育国家规划教材《化工制图》(第三版)(蔡庄红、赵扬主编)的配套用书。

本习题集共分 5 个项目:项目一为学习制图的基础知识;项目二为识读化工设备图;项目三为识读与绘制工艺流程图;项目四为识读与绘制化工车间设备布置;项目五为识读与绘制管道布置图。

本习题集在编排顺序上与《化工制图》(第三版)教材保持一致,旨在培养学生读图识图能力,可作为课堂教学"做中学、学中做"的训练用题,也可作为课后练习以检验学生学习成果。

本习题集可供高等职业教育化工技术类专业及相关专业师生使用,也可作为相关工程技术人员的参考用书。

图书在版编目(CIP)数据

化工制图习题集 / 赵扬,蔡庄红主编. -- 2 版. -- 北京:化学工业出版社,2025.1. -- (高等职业教育教材). -- ISBN 978-7-122-46714-0

Ⅰ.TQ050.2-44

中国国家版本馆 CIP 数据核字第 202436X26V 号

责任编辑:提 岩　窦　臻　　　文字编辑:崔婷婷
责任校对:赵懿桐　　　　　　　装帧设计:王晓宇

出版发行:化学工业出版社
　　　　　(北京市东城区青年湖南街 13 号　邮政编码 100011)
印　　装:河北延风印务有限公司
787mm×1092mm　1/16　印张 5¾　插页 3　字数 134 千字
2025 年 2 月北京第 2 版第 1 次印刷

购书咨询:010-64518888　　　　　售后服务:010-64518899
网　　址:http://www.cip.com.cn
凡购买本书,如有缺损质量问题,本社销售中心负责调换。

定　　价:20.00 元　　　　　　　　　　　　版权所有　违者必究

前 言

本习题集是"十四五"职业教育国家规划教材《化工制图》(第三版)(蔡庄红、赵扬主编)的配套用书。

本次修订，将习题集（含图纸）中所用到的标准全面更新为现行、最新版本；适当修改了部分习题，使学生更容易理解，便于更好地做答；更新了全国化工生产技术技能大赛精馏实训装置流程图，增加了结合现场绘制精馏实训装置流程框图和方案流程图，更贴近工作实际。

本书由赵扬和蔡庄红担任主编，参加编写工作的还有赵丹丹、茹巧荣、贺素姣、张静。昊华骏化集团有限公司甘世杰担任主审，并提出了许多宝贵意见，在此深表谢意。

由于编者水平所限，书中不足之处在所难免，敬请广大读者批评指正。

编 者
2024 年 10 月

第一版前言

本习题集是《化工制图》(第二版)(蔡庄红、赵扬主编)的配套用书。

本习题集依据近年来发布的相关国家标准、行业标准，结合编者长期的教学经验编写，体现了化工技术类专业对化工制图的基本要求，旨在培养学生识图读图能力，内容与《化工制图》(第二版)教材保持一致。

本习题集以加强学生创新思维、创新能力为出发点，力求反映新知识、新内容，体现化工行业特色。

本习题集有以下特点：

① 使用最新国家标准和部颁标准，突出读图识图能力及工艺流程图绘制，力求做到理论联系实际，符合职业教育规律。

② 可在上课时作为课堂训练，实现"学中做、做中学"的目标，也可作为课后练习使用，便于教师检验学生学习成果。

③ 内容选择上突出化工特色，三视图以够用为度；强化化工设备图、化工工艺流程图、化工车间设备布置图和管道布置图的识读。

本书由赵扬和蔡庄红担任主编，参加编写工作的还有赵丹丹、茹巧荣、贺素姣。昊华骏化集团有限公司甘世杰担任主审，并提出了许多宝贵意见，在此深表谢意。

编写本书参考了有关专著与其他文献资料，在此向有关作者表示感谢。

由于编者水平所限，书中不足之处在所难免，敬请广大读者批评指正。

编　者
2019 年 8 月

目　录

项目一　学习制图的基础知识 ······ 1
　　课题一　学习制图的基础知识 ······ 1
　　课题二　学习制图的投影基础 ······ 3
　　课题三　识读与绘制组合体 ······ 19
项目二　识读化工设备图 ······ 32
　　课题一　认识化工设备图 ······ 32
　　课题二　识读化工设备常用零部件 ······ 33
　　课题三　学习识读化工设备图的方法 ······ 36
项目三　识读与绘制工艺流程图 ······ 41
　　课题一　认识化工工艺流程图应遵循的规定 ······ 41
　　课题二　绘制与识读流程框图 ······ 44
　　课题三　绘制与识读方案流程图 ······ 46
　　课题四　识读与绘制物料流程图 ······ 50
　　课题五　认识管道及仪表流程图的基本内容 ······ 54
　　课题六　识读与绘制管道及仪表流程图 ······ 57
项目四　识读与绘制化工车间设备布置图 ······ 64
　　课题一　认识建筑制图 ······ 64
　　课题二　认识设备布置图 ······ 65
　　课题三　识读与绘制设备布置图 ······ 66
项目五　识读与绘制管道布置图 ······ 75
　　课题一　认识管道布置图的内容与作用 ······ 75
　　课题二　学习管道及附件的画法 ······ 76
　　课题三　认识管道布置图的表达方法 ······ 80
　　课题四　识读与绘制管道布置图 ······ 81
参考文献 ······ 85

项目一　学习制图的基础知识

课题一　学习制图的基础知识

1. 采用四心法画一长轴为 80mm，短轴为 60mm 的椭圆。

班级_____　姓名_____　学号_____

2. 按照图例和给定半径参照《化工制图》（第三版）中的表 1-9 完成圆弧连接，标出连接弧圆心和连接点。

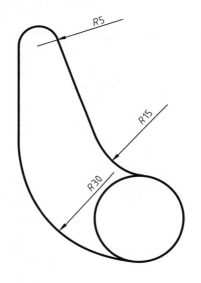
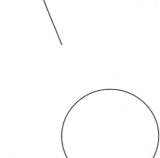
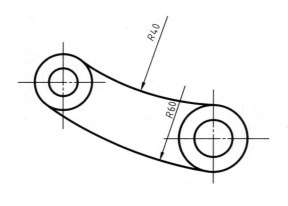

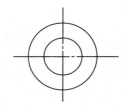

班级＿＿＿＿＿＿＿＿ 姓名＿＿＿＿＿＿＿＿ 学号＿＿＿＿＿＿＿＿

课题二　学习制图的投影基础

1. 下面是一些立体图形的三视图（如下图），请在括号内填上立体图形的名称。

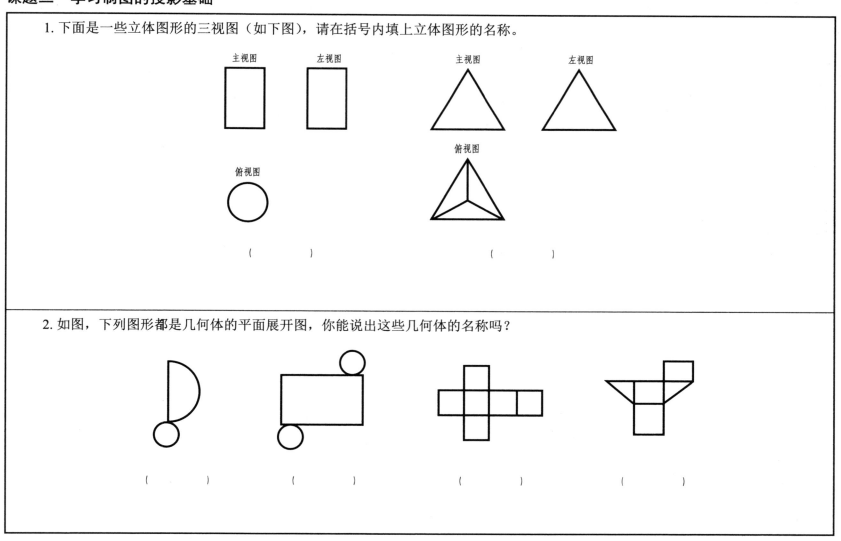

2. 如图，下列图形都是几何体的平面展开图，你能说出这些几何体的名称吗？

班级_____　姓名_____　学号_____

3. 如图，从不同方向看下面左图中的物体，右图中三个平面图形分别是从哪个方向看到的？

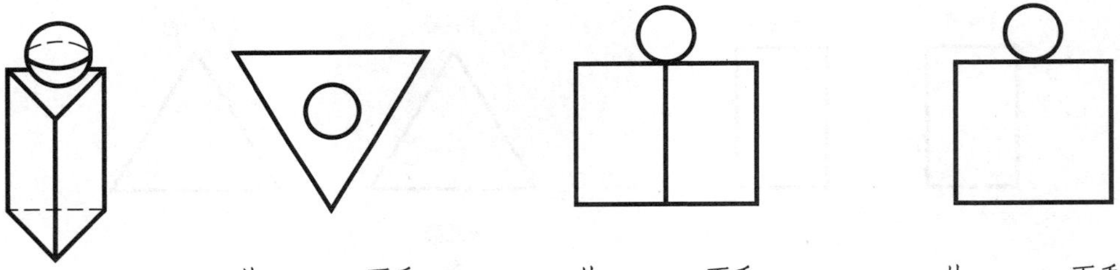

从 _____ 面看　　　从 _____ 面看　　　从 _____ 面看

4. 一天，小明的爸爸送给小明一个礼物，小明打开包装后画出它的主视图和俯视图，如下图所示。根据小明画的视图，你猜小明的爸爸送给小明的礼物是（　　）

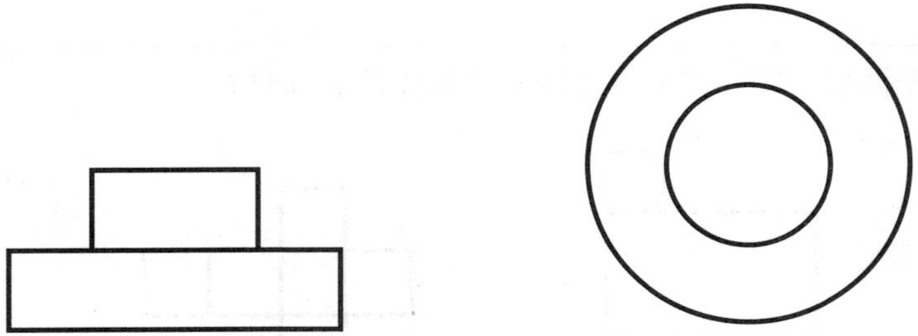

主视图　　　俯视图

A. 钢笔　　　B. 生日蛋糕　　　C. 光盘　　　D. 一套衣服

5. 一个物体的三视图如图所示，试举例说明物体的形状。

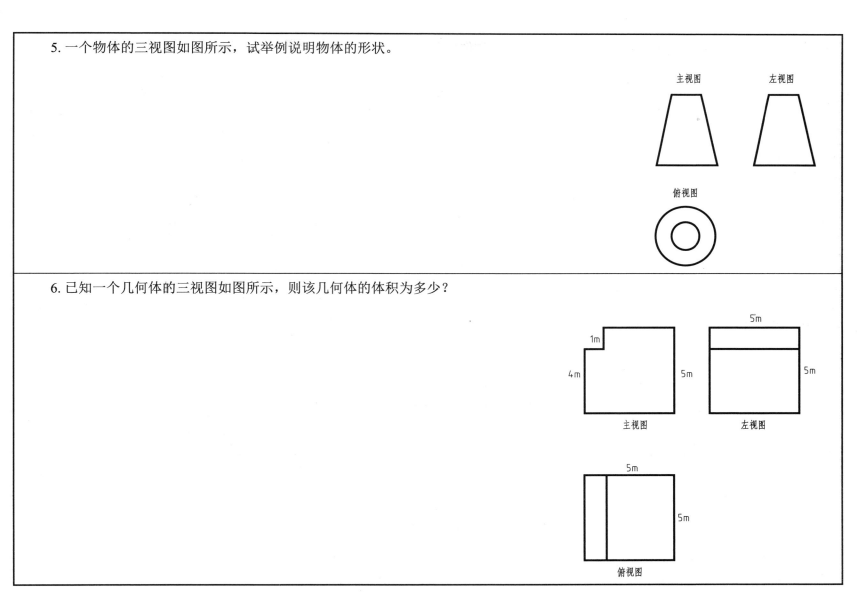

6. 已知一个几何体的三视图如图所示，则该几何体的体积为多少？

7. 小刚的桌上放着两个物品，它们的三视图如图所示，你知道这两个物品是什么吗？

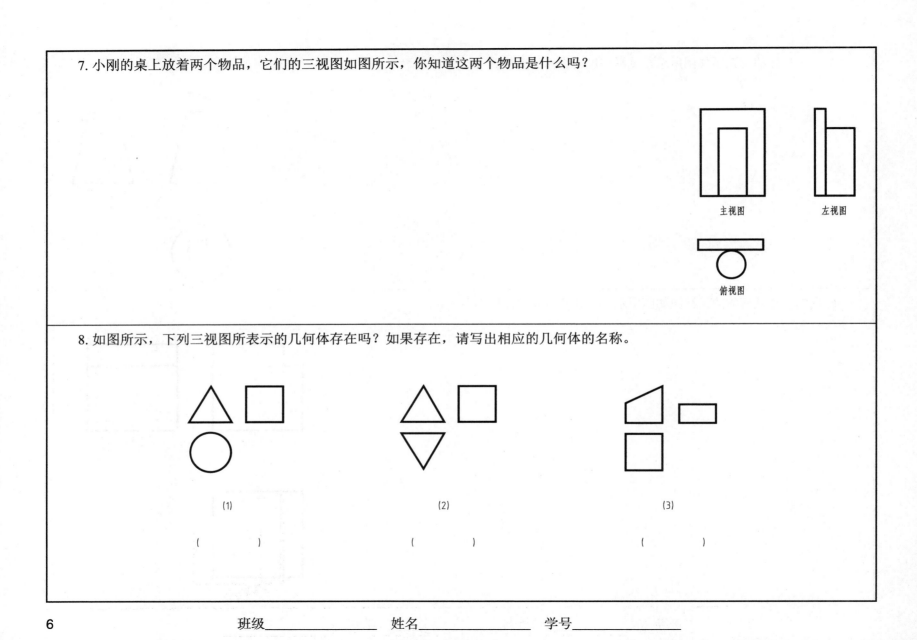

8. 如图所示，下列三视图所表示的几何体存在吗？如果存在，请写出相应的几何体的名称。

(1) （　　　）

(2) （　　　）

(3) （　　　）

9. 根据表 1-1 中三视图，将对应的轴测图代号填入相应的空格处。

表 1-1 三视图的阅读

序号	三视图	对应轴测图代号	轴测图及代号	序号	三视图	对应轴测图代号	轴测图及代号
(1)			(a)	(4)			(d)
(2)			(b)	(5)			(e)
(3)			(c)	(6)			(f)

10. 参考轴测图，根据两视图，补画第三视图，完成表1-2。

表1-2 补画三视图

序号	三视图	轴测图（仅供参考）
（1）		
（2）		
（3）		

续表

序号	三视图	轴测图（仅供参考）
（4）		
（5）		
（6）		

班级_____ 姓名_____ 学号_____

11. 根据轴测图，画出三视图，尺寸直接在轴测图上量取，完成表 1-3。

表 1-3　画三视图

序号	三视图	轴测图
（1）		
（2）		

续表

序号	三视图	轴测图
(3)		
(4)		

班级_____ 姓名_____ 学号_____

12. 在下方主、俯、左视图的基础上，补画出右、后、仰视图。

13. 根据以下轴测图和主视图，按箭头所指画出局部视图和斜视图，并进行标注。

14. 补画下列剖视图中的漏线。

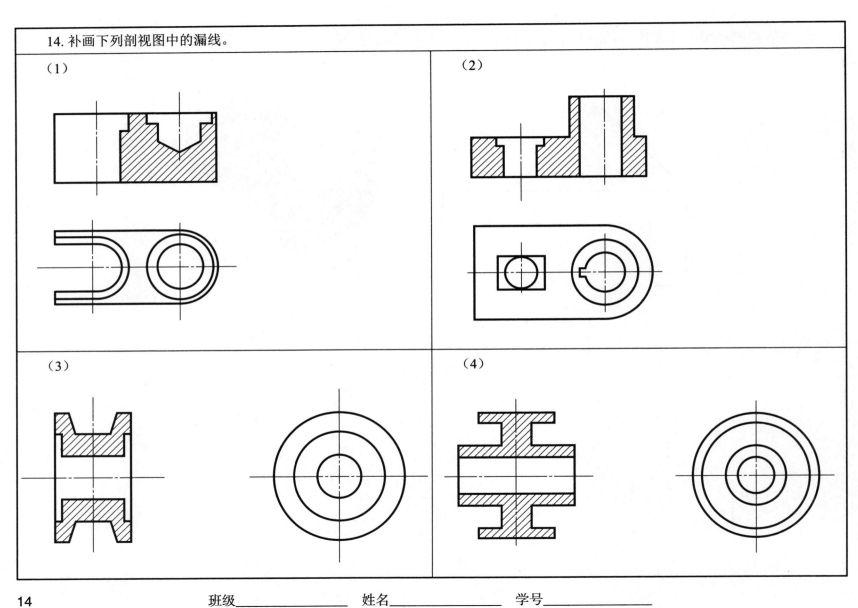

15. 将下列主视图改为全剖视图。

(1)

(2)

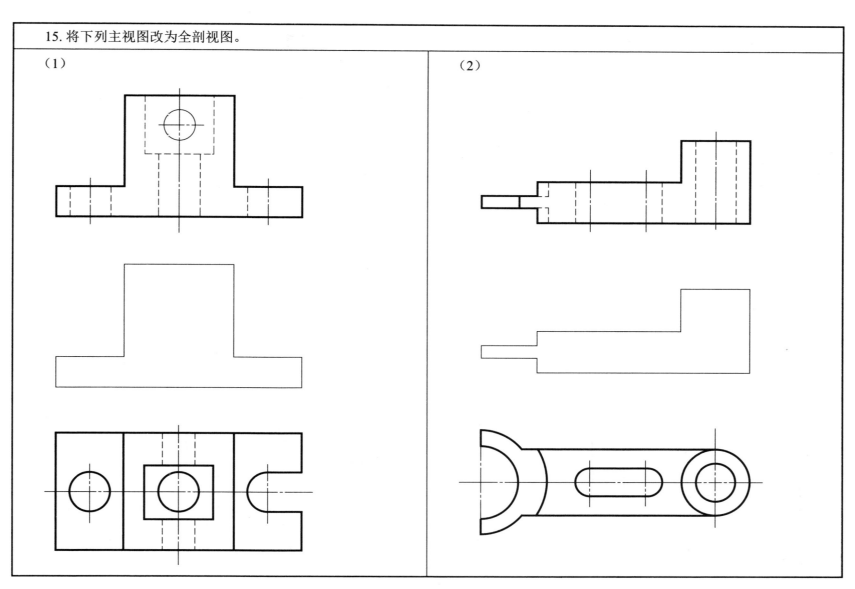

16. 将下列主视图改为半剖视图。

(1)

(2)

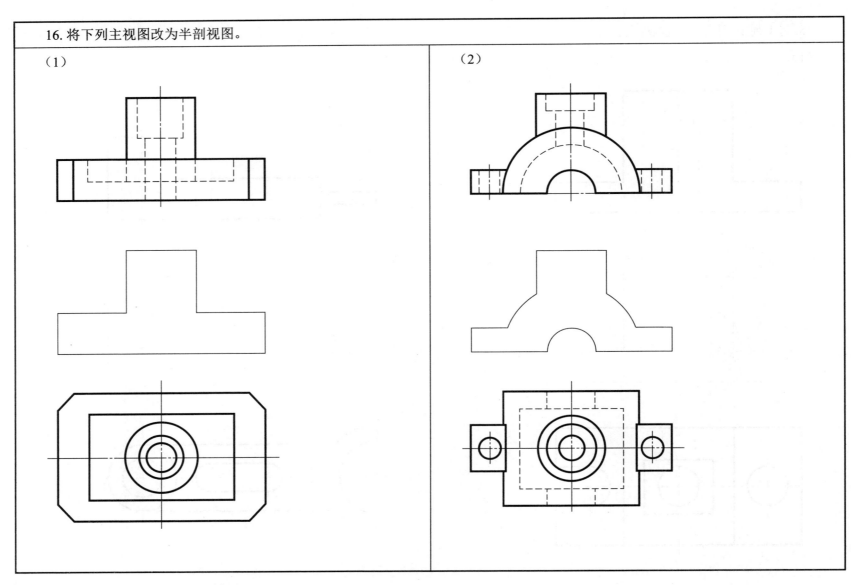

17. 将下列主、俯视图改为局部剖视图（不要的线打叉）。

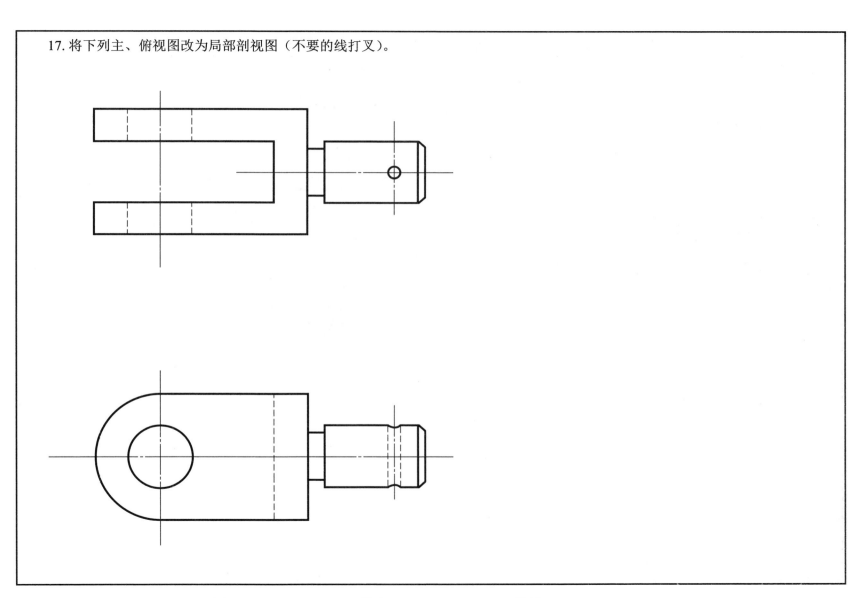

18. 分析断面图中存在的错误，在下面指定位置重新画出，并正确地标注。

（1）

（2）

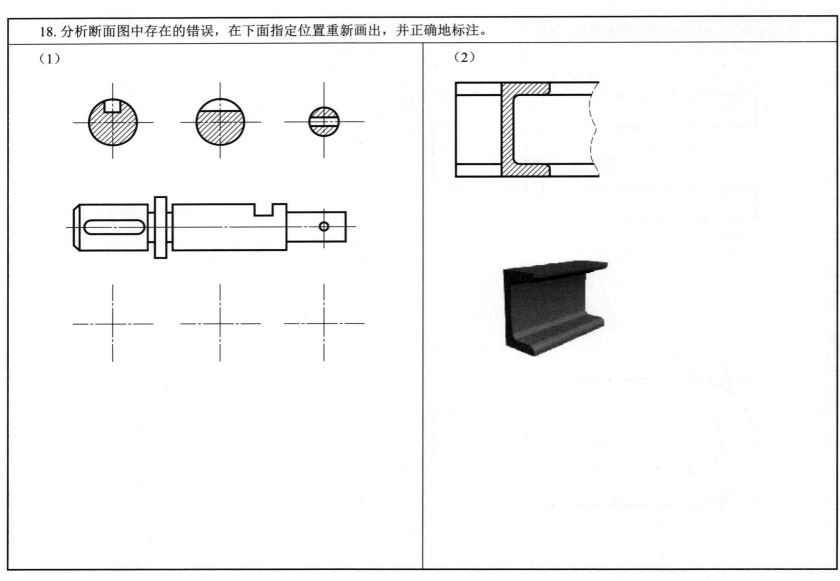

课题三 识读与绘制组合体

1. 请画出以下视图的相切线。

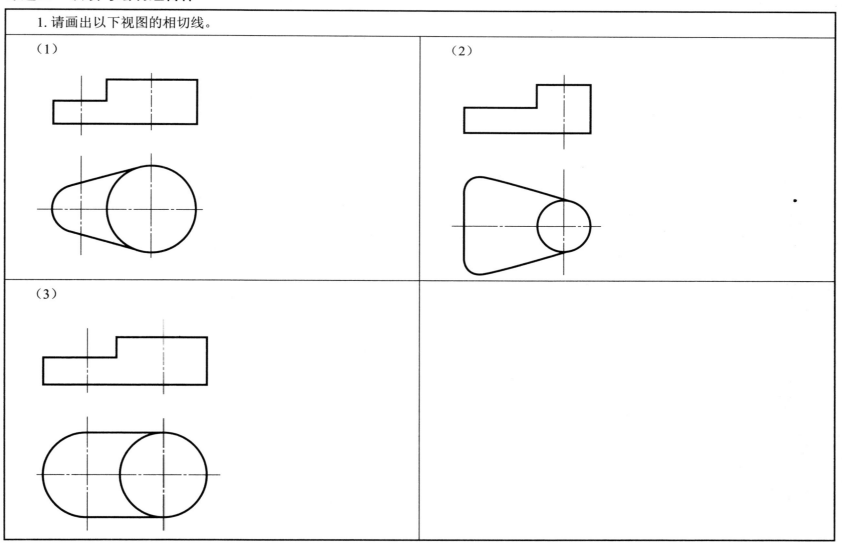

2. 请画出以下视图的相交线。

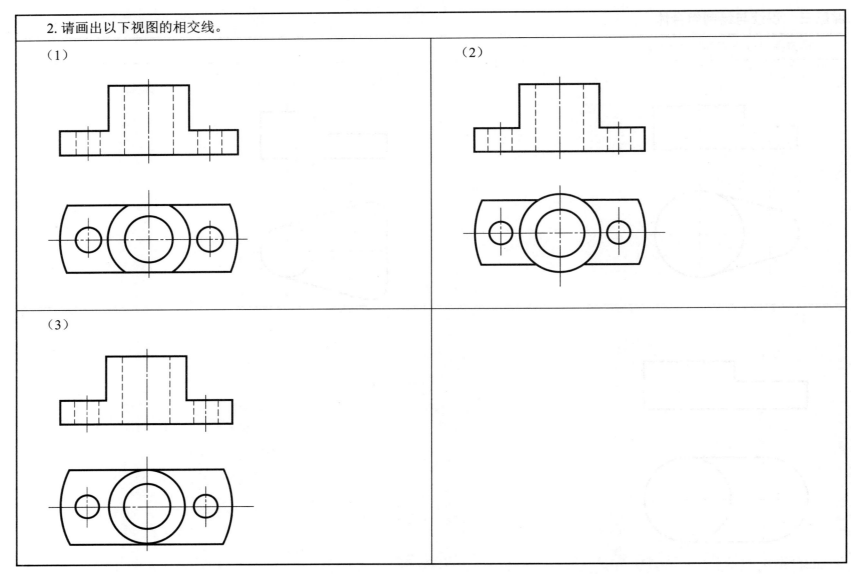

3. 利用回转体表面取点的方法，画出两圆柱的相贯线。

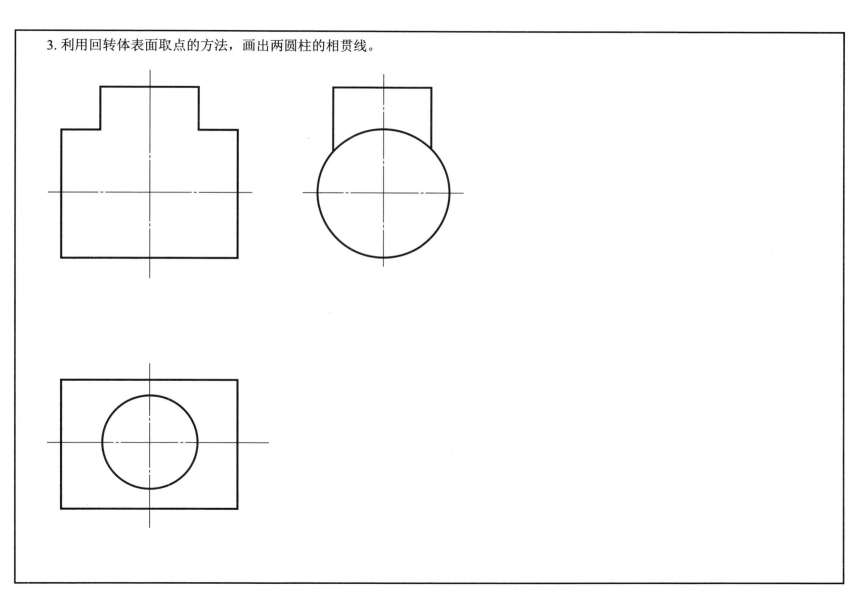

4. 分析并正确画出相贯线的投影，两圆柱正交时采用近似画法。

(1)

(2)

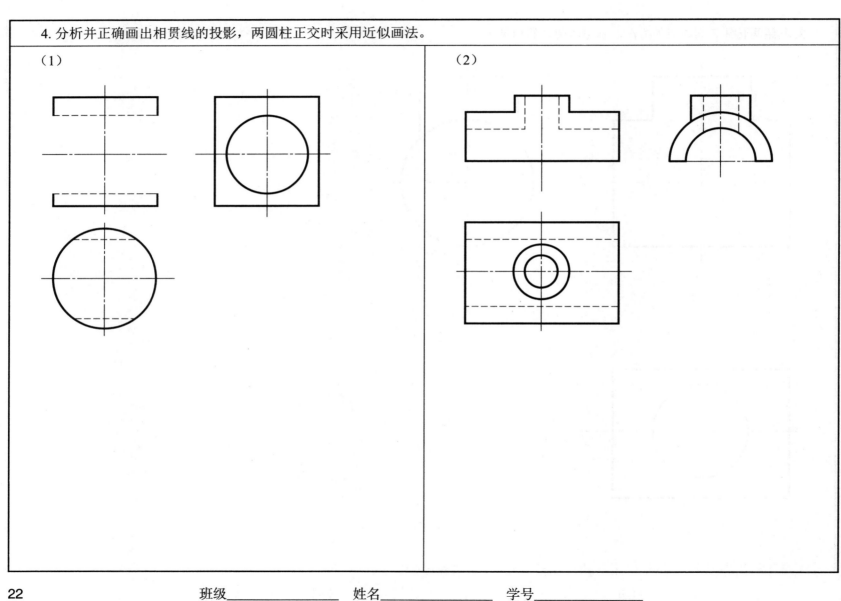

5. 画出以下组合体的三视图。
（1）

（2）

6. 已知形体的主视图和俯视图，请选择正确的左视图，完成表1-4。

表1-4 选择正确的左视图

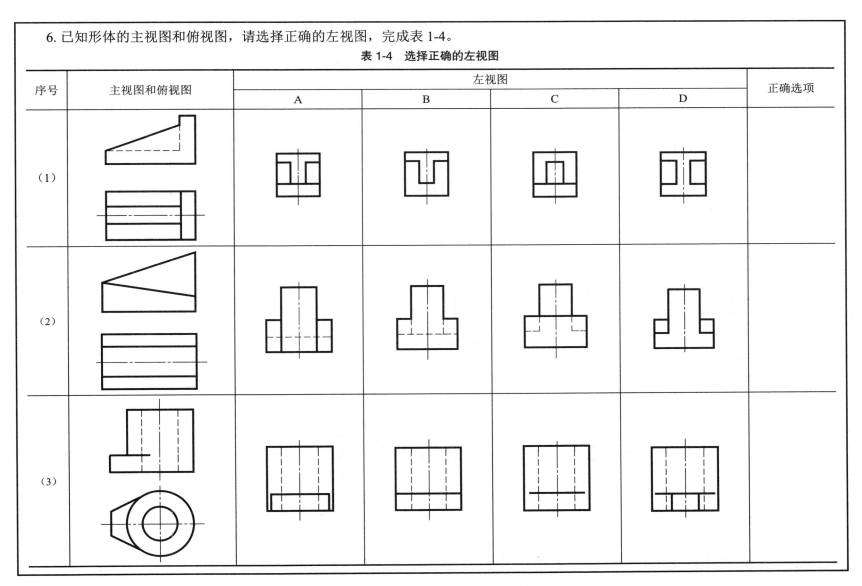

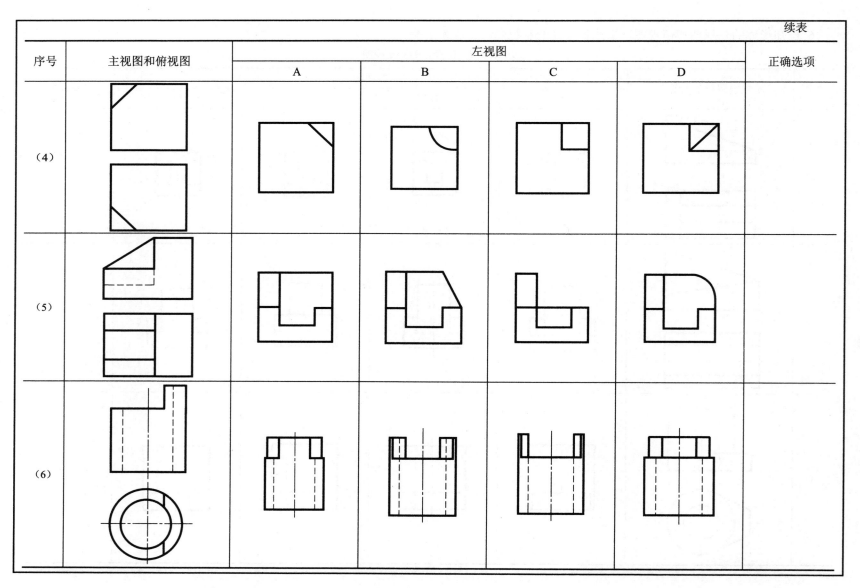

7. 补画漏线。

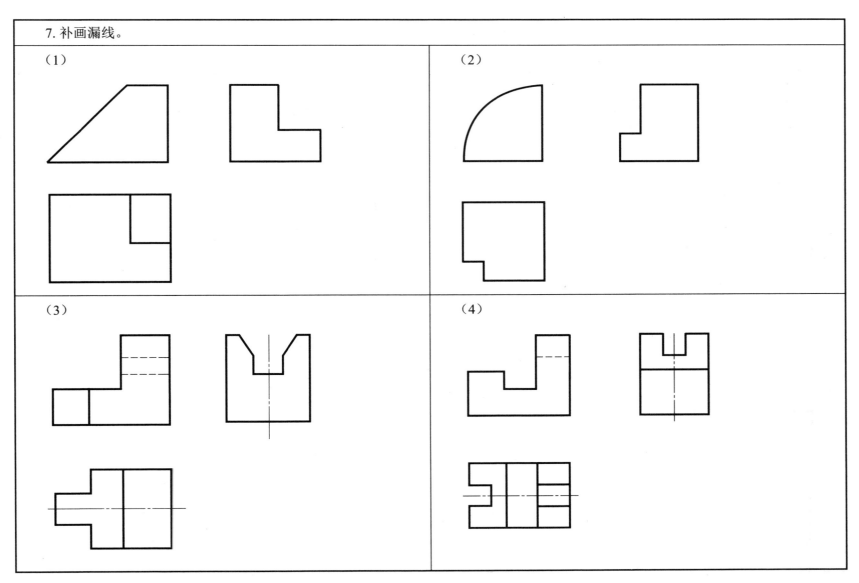

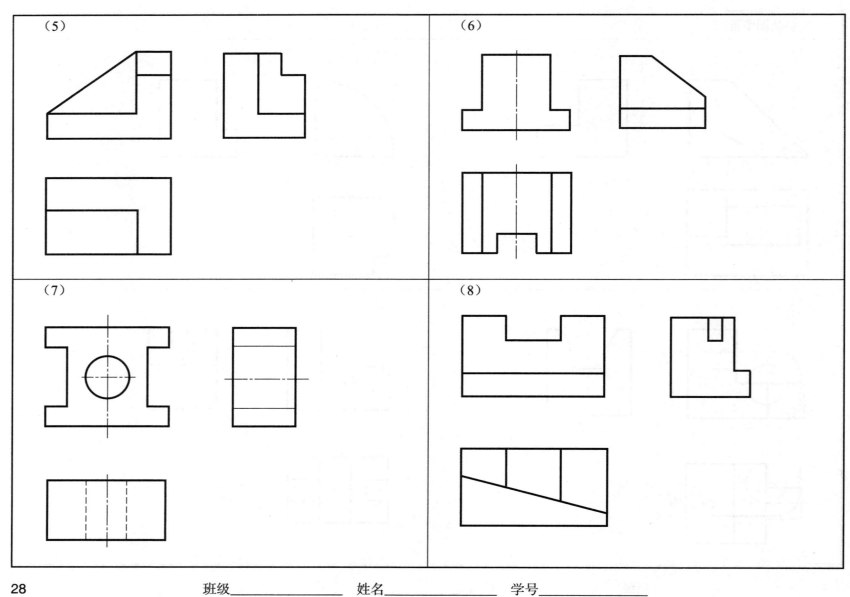

8. 请从图中量取尺寸后,标注下列形体的尺寸。

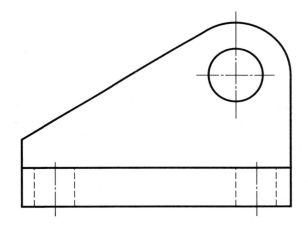

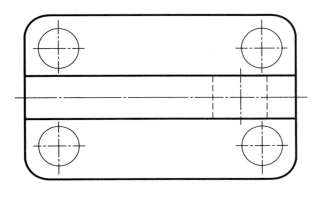

班级_____ 姓名_____ 学号_____

9. 检查下面形体尺寸的完整性，标注出遗漏的尺寸。

(1)

(2)

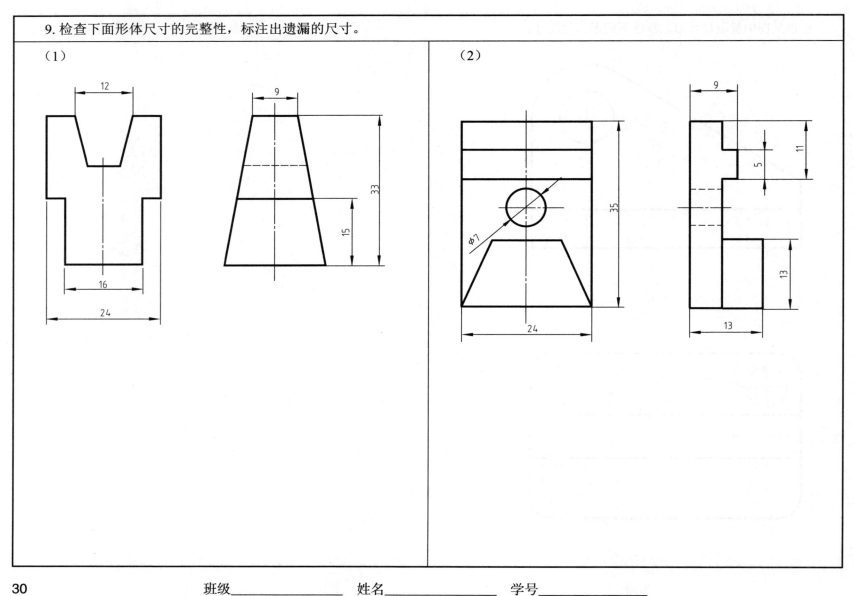

10. 指出视图中重复尺寸（打叉），并标注出遗漏尺寸（不标尺寸数字）。

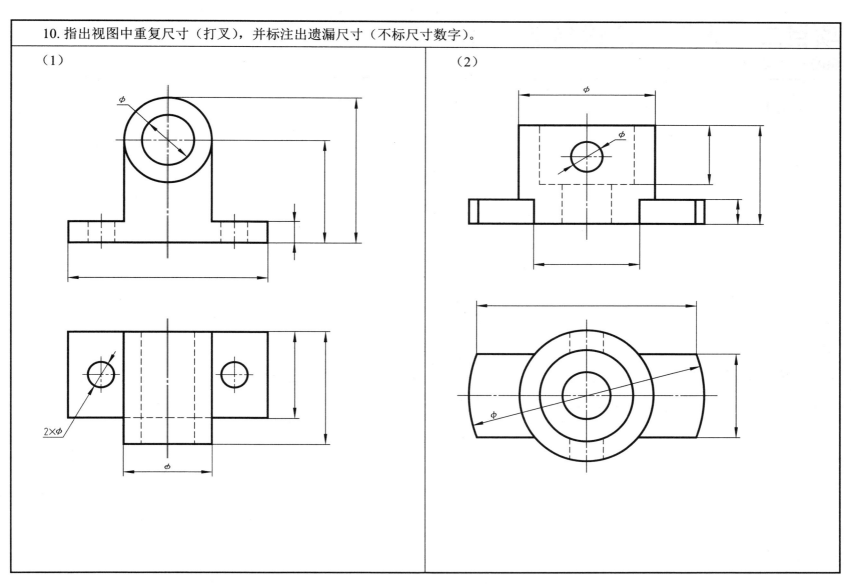

项目二 识读化工设备图

课题一 认识化工设备图

1. 简述化工设备的结构特点。

2. 化工设备图通常包括 _____、_____、_____、_____、_____、_____ 等基本内容。

课题二　识读化工设备常用零部件

1. 识读标题栏中下列常用化工设备标准化通用零部件的主要信息。

（1）筒体识读。

明细栏标记：筒体 DN1200×6，H=1400，Q235A·F，GB/T 9019—2015

识读信息：公称直径为 _____mm，壁厚为 _____mm，高为 _____mm，材料为 _____，标准号 _____。

（2）封头识读。

明细栏标记：EHA 400×4-Q235A·F　GB/T 25198—2023

识读信息：椭圆形封头，公称直径为 _____mm，壁厚为 _____mm，材料为 _____，标准号 _____。

（3）支座识读。

① 鞍式支座。

明细栏标记：NB/T 47065.1—2018，鞍式支座 BⅡ1000-F；材料栏内注：Q345A

识读信息：公称直径为 _____mm，_____°包角，_____型 _____垫板 _____鞍式支座，鞍式支座材料为 _____。

② 腿式支座。

明细栏标记：NB/T 47065.2—2018，支腿 AN4-900

识读信息：支座型号为 _____ 支座号为 _____，_____ 支柱支腿，不带垫板，支承高度为 _____mm。

③ 耳式支座。

明细栏标记：NB/T 47065.3—2018，耳式支座 C3-Ⅱ，材料为 S30408/S30408

识读信息：支座型号 _____ 型，_____ 号耳式支座，支座材料为 _____，垫板材料为 _____，适用容器公称直径为 _____。

④ 支承式支座。

明细栏标记：NB/T 47065.4—2018，支座 B5，h = 540，δ_3 = 16；材料栏内标注：10，Q235B/S30408

识读信息：钢管制作的 _____ 号支承式支座，支座高度为 _____mm，垫板厚度为 _____mm，钢管材料为 _____ 号钢，底板材料为 _____，垫板材料为 _____。

⑤ 刚性环支座。

明细栏标记：NB/T 47065.5—2018，刚性环支座 B7200-8-Ⅱ-24；材料栏内标注：Q235C/S30408

识读信息：设备公称直径为 _____mm，_____型，支耳数量为 _____个，支座材料为 _____，垫板材料为 _____，垫板厚度为 _____mm。

（4）法兰识读。

① 明细栏标记：HG/T 20592—2009，法兰 PL 150-0.6 RF Q235A。

识读信息：采用_____密封的_____法兰，公称直径为_____，公称压力为_____，材料为_____。

② 明细栏标记：法兰 -RF 1000-2.5/78-155，NB/T 47023—2012。

识读信息：公称压力为_____MPa，公称直径为_____mm 的突面密封_____法兰，其中法兰厚度改为 78mm，法兰总高度为_____mm，根据标准号可知，该标准名称为_____。

（5）人孔和手孔识读。

① 明细栏标记：人孔 Ⅰ b（NM-XB350）A 450-6 HG/T 21516

识读信息：公称压力为_____，公称直径为_____，H_1=_____，_____型盖轴耳、_____类材料、其中采用_____螺栓、_____平垫片（不带包边的 XB350 石棉橡胶板）的_____平焊法兰人孔。

② 明细栏标记：手孔 FS（A-XB350）250-6 H_1=160 HG/T 21535

识读信息：公称压力为_____，公称直径为_____，H_1=_____（非标准尺寸），_____型密封面，采用_____垫片的_____手孔。

（6）视镜识读。

明细栏标记：视镜 PN1.0 DN150 I-SF1，并在备注栏处注明材料为 Q345R。

识读信息：公称压力为_____MPa、公称直径为_____mm、材料为_____、带防爆型射灯组合、不带冲洗装置的视镜。

（7）液面计识读。

明细栏标记：液面计 BG1.6-Ⅱ-1400

识读信息：公称压力为_____MPa、_____材料、普通型、公称长度 L=_____mm 的玻璃管液面计。

（8）补强圈识读。

明细栏标记：补强圈 DN80×6-D-Q345R NB/T 11025—2022

识读信息：接管公称直径 DN=_____mm，补强圈厚度为_____mm，坡口形式为_____型，材质为_____的补强圈。

2. 识读反应釜中主要零部件。

（1）搅拌器识读。

明细栏标记：搅拌器 FKS1140-65S2

识读信息：＿＿＿＿＿搅拌器，直径为＿＿＿＿mm，轴径为＿＿＿＿mm，材质为＿＿＿＿＿＿。

（2）填料箱识读。

明细栏标记：填料箱 PN1.6 DN90 HG 21537.7—92

识读信息：公称压力为＿＿＿＿MPa、公称直径为＿＿＿＿mm 的碳钢填料箱。

3. 识读换热器主要零部件。

膨胀节识读

明细栏标记：膨胀节 ZDLC（Ⅱ）U1000-0.6-1×6×2（S30408） GB/T 16749—2018

识读信息：06Cr19Ni10＿＿＿式＿＿＿层＿＿＿加强 U 形（厚度＿＿＿mm），＿＿＿波整体成型带内衬套膨胀节（采用＿＿＿壁单层），其公称压力 PN＿＿＿MPa，公称直径 DN＿＿＿mm。

4. 识读塔设备主要零部件。

（1）浮阀识读。

明细栏标记：浮阀 F1Q-C NB/T 10557—2021

识读信息：材料为＿＿＿＿或＿＿＿＿，适用于＿＿＿mm 塔盘板的＿＿＿阀。

（2）泡帽识读。

明细栏标记：圆泡帽 DN 100-32-Ⅱ NB/T 10557—2021

识读信息：公称直径为 DN＿＿＿、齿缝高度为＿＿＿、材料为＿＿＿的圆泡帽。

课题三　学习识读化工设备图的方法

1. 塔设备识读（见附图1）。

（1）通过标题栏可以看出，该设备名称为 _____，绘图比例为 _____。

（2）通过明细栏可以看出，该设备有 _____ 个零部件编号，标准零部件有 _____、_____、_____、_____。

（3）该图纸包括 _____ 视图和 _____ 个 _____ 视图。

（4）根据明细栏，完成以下信息：

① 筒体直径为 _____，壁厚为 _____；

② 采用的支座为 _____ 支座，数量为 _____；

③ 封头规格为 _____，壁厚为 _____，封头为 _____ 形封头；

④ 手孔公称直径为 _____，公称压力为 _____，数量为 _____。

（5）通过管口表，可以识读出以下信息：

共有接管 _____ 个。其中 _____ 为蒸汽进口，其公称直径为 _____，_____ 为蒸汽出口，其公称直径为 _____，_____ 为进料口，其公称直径为 _____，_____ 为出料口，其公称直径为 _____。

（6）通过设计、制造与检验主要数据表可以看出，该设备工作压力为 _____ MPa，工作温度为 _____ ℃，工作介质为 _____，全容积为 _____ m^3。

（7）通过主视图可以看出，该设备总高为 _____，填料层总高度为 _____，填料层共分为 _____ 层。

2. 换热器图纸识读（见附图 2）。

（1）通过标题栏，可识读出该设备名称为 _____ 换热器，绘图比例为 _____。

（2）通过明细栏，可识读出该设备共有 _____ 个零部件编号。

（3）该图纸包括 _____ 视图和 _____ 视图。

（4）通过明细栏可识读出以下信息：

① 件号 2 法兰主要信息为：公称直径为 _____mm，公称压力为 _____MPa，厚度为 _____mm 的 _____ 法兰。

② 件号 10 对应的折流板厚度为 _____mm，数量为 _____ 块，材质为 _____。

③ 件号 11 所示的换热管规格为 _____mm，数量为 _____ 根。

④ 件号 12 所示的定距管公称直径为 _____mm，壁厚为 _____mm，数量为 _____ 根。

⑤ 件号 14 所示的拉杆公称直径为 _____mm，数量为 _____ 根。

⑥ 件号 19 所示的支座为 DN _____mm，其数量为 _____ 个，采用的支座形式为 _____ 支座。

（5）通过管口表可以识读出，管口数量为 _____ 个，其中蒸汽从 ___ 口进入，冷凝水从 _____ 口流出，海水从 _____ 口进入，从 _____ 口流出。

（6）从设计数据表中可以看出，海水走 _____ 程，蒸汽走 _____ 程；管程工作温度为 _____℃，工作压力为 _____MPa，壳程工作温度为 _____℃，工作压力为 _____MPa。

（7）通过主视图可识读出，换热器总长为 _____mm，换热器筒体直径为 _____mm，筒体壁厚为 _____mm，两支座之间的距离为 _____mm，该距离为 _____ 尺寸。

班级 _____ 姓名 _____ 学号 _____

37

3. 储罐图纸识读（见附图3）。

（1）通过标题栏可识读出该设备为 _____ m³ 储气罐，绘图比例为 _____ 。

（2）从明细栏中可以识读出以下信息：

① 该设备共有 _____ 个零部件编号。

② 支座为 _____ 支座，共有 _____ 个，支承高度为 _____ mm。

③ 封头公称直径为 _____ mm，封头名义厚度为 _____ mm，封头数量为 _____ 个。

④ 筒体公称直径为 _____ mm，筒体壁厚为 _____ mm，筒体长度为 _____ mm。

⑤ 该设备有 _____ 个 _____ 形人孔，人孔长轴为 _____ 、短轴为 _____ ，公称压力为 _____ 。

（3）通过管口表可识读出该设备共有 _____ 管口。其中进气口为 _____ 口，公称直径为 _____ mm，公称压力为 _____ MPa，接管长度为 _____ ；出气口为 _____ 口。另外，该设备还有 _____ 口、_____ 口、_____ 口，其中 _____ 口在设备底部。

（4）该设备图由 _____ 视图和 _____ 视图共同组成。

（5）该设备总高为 _____ mm，设备直径为 _____ mm，腿式支座在直径 _____ mm 周边平均分布；人孔中心距离下封头的距离为 _____ mm；进气口中心距下封头的距离为 _____ mm。

4. 反应器识读（见附图4）。
（1）通过标题栏可识读出该设备名称为 _____ ，比例为 _____ 。
（2）从明细栏可识读出以下信息：
① 该设备零部件编号共有 _____ 个；
② 可以识读出，本套图纸除本张图纸以外，还有 _____ 张图纸；
③ 件号5对应的法兰公称直径为 _____ ，公称压力为 _____ ，该法兰密封面形式为 _____ 面，该反应釜共有 _____ 个法兰；
④ 件号9对应的搅拌器为 _____ 搅拌器，直径为 _____ ，轴径为 _____ ；
⑤ 件号10对应的搅拌器为 _____ 搅拌器，直径为 _____ ，轴径为 _____ ，数量为 _____ 个。
（3）通过管口表可识读出以下信息：
① 该反应器共有 _____ 管口；
② 进料口编号为 _____ ，公称直径为 _____ ，公称压力为 _____ ；
③ 釜底放净口编号为 _____ ，公称直径为 _____ ，公称压力为 _____ ；
④ 导热油进口编号为 _____ ，公称直径为 _____ ，公称压力为 _____ ；
⑤ 导热油出口编号为 _____ ，公称直径为 _____ ，公称压力为 _____ ；
⑥ 盘管进口编号为 _____ ，公称直径为 _____ ，公称压力为 _____ ；
⑦ 盘管出口编号为 _____ ，公称直径为 _____ ，公称压力为 _____ ；
（4）通过技术特性表可识读以下信息：
① 釜内工作压力为 _____ ，工作温度为 _____ ，公称容积为 _____ ，物料为 _____ ；
② 夹套工作压力为 _____ ，工作温度为 _____ ，换热面积为 _____ ，物料为 _____ ；
③ 盘管工作压力为 _____ ，工作温度为 _____ ，换热面积为 _____ ，物料为 _____ ；
④ 搅拌器形式为 _____ ，直径分别为 _____ 、 _____ 、 _____ ；
⑤ 爆破片设计爆破温度为 _____ ；
⑥ 安全阀形式： _____ ，开启压力： _____ ，公称直径： _____ 。
（5）该图纸由 _____ 视图、 _____ 视图和 _____ 个局部视图组成。
（6）通过主视图可以识读出以下信息：
① 该反应器总高为 _____ ；
② 反应釜筒体高度为 _____ ，筒体内径为 _____ ，筒体壁厚为 _____ ；
③ 夹套内径为 _____ ，夹套壁厚为 _____ ；
④ 搅拌器之间距离分别为 _____ 、 _____ ；
（7）该设备共有 _____ 个 _____ 式支座，支座之间的距离为 _____ ，为设备的 _____ 尺寸。

技能提升　抄绘浮头换热器图纸

抄绘浮头式换热器，查找有关标准，把图纸中标题栏、技术要求涉及的过期标准进行订正（见附图5）。

项目三　识读与绘制工艺流程图

课题一　认识化工工艺流程图应遵循的规定

1. 根据设备图例写出对应设备名称或根据设备名称画出对应设备图例。

图例					
名称					
图例					
名称	离心泵	鼓风机	卧式容器	换热器简图	离心式压缩机

班级＿＿＿＿＿＿　姓名＿＿＿＿＿＿　学号＿＿＿＿＿＿

2. 画出管道及仪表流程图中下列常用管件、阀门的图例。

图例					
名称	闸阀	截止阀	球阀	节流阀	止回阀
图例					
名称	管道绝热层	蝶阀	减压阀	疏水阀	角式弹簧安全阀
图例					
名称	视镜	Y 形过滤器	同心异径管	法兰连接	圆形盲板

班级________ 姓名________ 学号________

3. 根据物料代号写出物料名称或根据物料名称写出物料代号。

物料代号	PG	PA	PL	CA
物料名称				
物料代号				
物料名称	仪表空气	低压蒸汽	蒸汽冷凝水	原水
物料代号	CWR	WW		
物料名称			排液、导淋	放空

4. 写出下列管道仪表流程图上隔热、保温、防火和隔声代号代表的功能。

代号	H	C	P	D	E
功能类型					
代号	S	W	O	J	N
功能类型					

班级_____ 姓名_____ 学号_____

课题二 绘制与识读流程框图

1. 请结合全国化工生产技术技能大赛精馏实训装置,绘制该装置流程框图,并回答以下问题:

(1) 该装置中用到的换热器有哪些?对各换热器进行编号。

(2) 该装置中用到的容器类设备有哪些?对此类设备进行编号。

(3) 该装置中用到的泵类设备有哪些?有哪些类型的泵?请画出对应类型泵的图例,并对此类设备进行编号。

(4) 该装置中用到的塔类设备属于哪一类?请画出该设备的图例,并对该设备进行编号。

2. 联合制碱法（或联碱法）也称为侯氏制碱法，是我国"现代化工先驱"制碱专家侯德榜博士于1943年创立的。该法将氨碱法和合成氨法两种工艺联合起来，同时生产纯碱和氯化铵两种产品，提高了食盐利用率，缩短了生产流程，减少了对环境的污染，降低了纯碱的生产成本，克服了氨碱法的不足，曾在全球享有盛誉，得到普遍采用，在我国目前纯碱工艺中仍居首位。请识读联碱法工艺流程图回答以下问题。

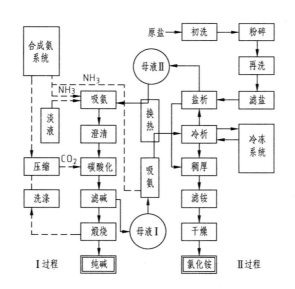

（1）联合制碱法的原料有 _____ 、_____ 、_____ ，最终的产品为 _____ 和 _____ 。

（2）Ⅰ过程为 _____ 过程，包括的化学反应有 _____ 、_____ 。

（3）Ⅱ过程为 _____ 过程。

课题三 绘制与识读方案流程图

1. 写出下列设备类别对应的代号。

设备类别	塔	泵	压缩机、风机	换热器
代号				

设备类别	反应器	工业炉	火炬、烟囱	容器（槽、罐）
代号				

设备类别	起重运输设备	称重设备	其他机械	其他设备
代号				

2. 完成下列方案流程图的识读。

该图为生产燃料级 _____（DME）的工艺流程图，从 _____ 来的工业级甲醇用 _____ 升压后经 _____ 达到规定的温度后进入 _____，再和反应后的 _____ 换热，将温度升高，甲醇气体进入 _____，反应后的气体首先经 _____ 与原料甲醇换热后，再经过 _____ 进入 _____，从塔顶获取燃料级 _____，塔底的甲醇和水经一次蒸发进行水和甲醇的 _____，回收的甲醇进入 _____。

请参照方案流程图的绘图方法，对该方案流程图相关设备进行编号。

3. 完成下列方案流程图的识读。

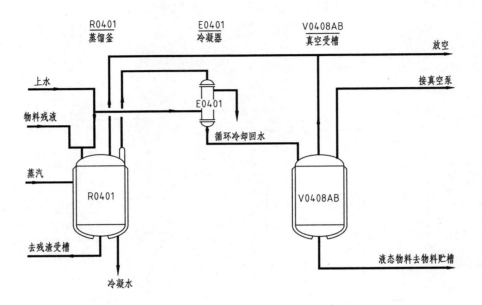

（1）该方案流程图的设备有 _____ 类，共有 _____ 台设备。

（2）对该方案流程图可识读出，物料残液进入 _____ 中，通过蒸汽加热后被蒸发汽化，汽化后的物料进入 _____ 被冷凝为液态，该液态物料经 _____ 排出到物料贮槽。

（3）进入冷凝器的上水的作用是 _____。

（4）进入真空受槽的物料采用 _____ 方法把物料送入该设备。

4. 绘制全国化工生产技术技能大赛精馏实训装置方案流程图。

班级＿＿＿＿＿＿＿　姓名＿＿＿＿＿＿＿＿　学号＿＿＿＿＿＿＿＿

课题四 识读与绘制物料流程图

识读下列流程图
（1）物料流程图一，如下图。

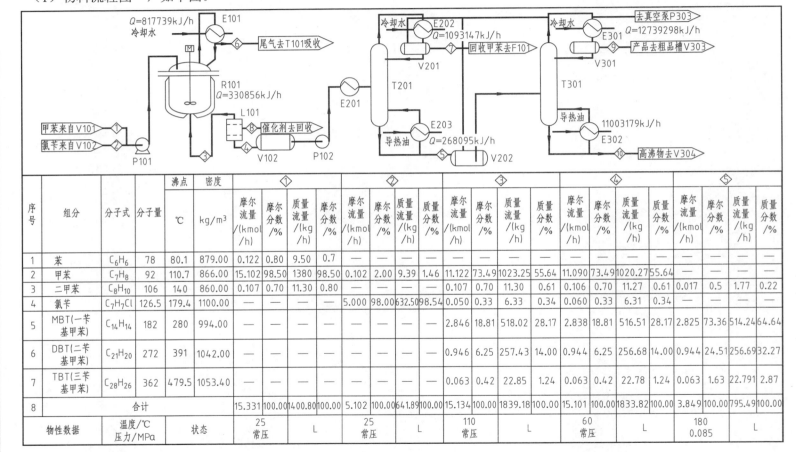

① 该物料流程图中的设备有哪几类？分别有几个（台）？

② 从该流程图中可以看出，来自 V101 的主要物料组成是 _____，其温度为 _____，压力为 _____，来自 V102 的主要物料是 _____，其温度为 _____，压力为 _____，这两股物料经 _____ 送入 _____，在 _____ ℃下反应后出来的物料主要产品是 _____，可以看出反应过程中 _____ 转化率较低。

(2) 物料流程图二，如下图。

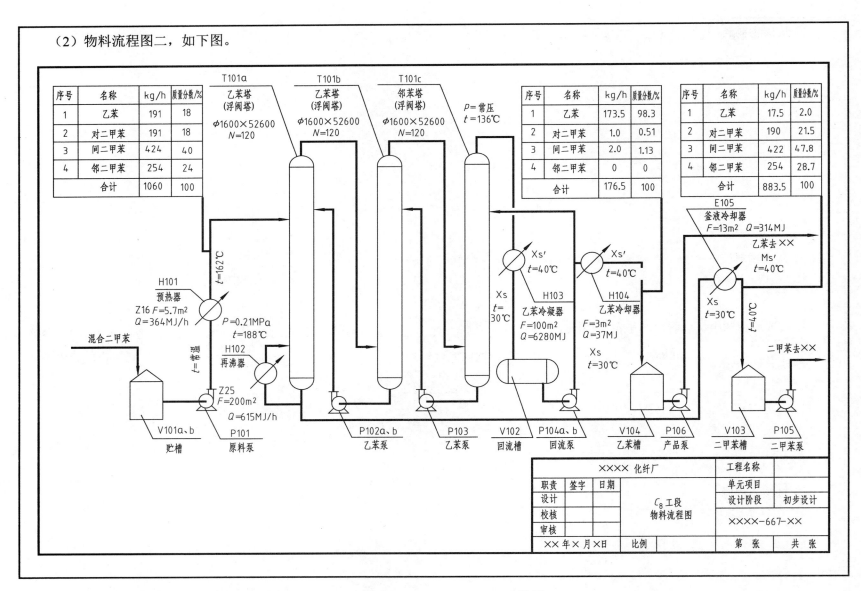

C_8 工段物料流程图

① 从该物料流程图中可以看出，该流程图中对应的设备有哪几类？分别有多少台？哪些设备有备用设备？

② 从该物料流程图中可以看出该流程图中涉及的物料主要有 _____。根据物料变化情况可知，最终从塔顶分离出来的物料 _____ 浓度得到了提高，塔底分离出的物料 _____ 浓度得到了提高。

③ 从该物料流程图中还可以看出，T101a、T101b、T101c 三个塔的直径均为 _____，高度为 _____，三个塔均采用的是 _____，塔板数均为 _____。

④ 从该物料流程图中，还可以识读出各换热器的面积，请写出各换热器的面积。

⑤ 对该流程图中设备代号不符合规范的，请在图上标注出来，并改正。

课题五　认识管道及仪表流程图的基本内容

1. 解释管道及仪表工艺流程图中下列图例代表的含义。

图例	—‖—	—○▷—	○○	▯
测量仪表				
图例	○	⊖	⊕	⊜
安装位置				

2. 管道标注。

（1）无装置识别号无系列号单元管道的标注。

序号	介质代号	管道编号		公称直径	管道等级	隔热代号
		工程的工序编号	顺序号			
1	HO	06	05	50	A2B	H
管道标注为：						
2						
管道标注为：CWS － 1505 － 300 － A1A						

(2) 无装置识别号有系列号单元管道的标注。

序号	介质代号	管道编号			公称直径	管道等级	隔热代号
		工程的工序编号	系列号	顺序号			
1	HO	06	A	05	50	A2B	H
	管道标注为：						
2							
	管道标注为：CWS－15B05－300－A1A						

(3) 有装置识别号无系列号单元管道的标注。

序号	介质代号	管道编号			公称直径	管道等级	隔热代号
		装置识别号	工程的工序编号	顺序号			
1	HO	06	05	05	50	A2B	H
	管道标注为：						
2							
	管道标注为：CWS－081505－300－A1A						

班级＿＿＿＿＿＿＿ 姓名＿＿＿＿＿＿＿ 学号＿＿＿＿＿＿＿

（4）有装置识别号有系列号单元管道的标注。

序号	介质代号	管道编号				公称直径	管道等级	隔热代号
		装置识别号	工程的工序编号	系列号	顺序号			
1	CWS	08	15	B	05	300	A1A	
	管道标注为：							
2								
	管道标注为：HO－0605A05－50－A2B－H							

3. 解释下列被测变量和功能仪表所代表的含义。

（1）PI

（2）TIC

（3）FRC

（4）LIA

课题六　识读与绘制管道及仪表流程图

1. 读下面的化工工艺流程图，回答下列问题。

（1）由标题栏可知，该岗位为 _____ 工段，工段号为 _____；该岗位共有 _____ 台设备，其中动设备有 _____ 台，静设备有 _____ 台。

（2）来自 _____ 的原料油与 _____ 介质，在 _____ 设备内混合搅拌，去加热炉加热后送入 _____ 设备进行精馏。

（3）原料混合前在 _____ 设备内与 _____ 油通过热量交换进行预热。

（4）白土与润滑油混合后，吸附了润滑油中的机械杂质、胶质、沥青质等，再通过 _____ 设备进行分离。

（5）影响润滑油使用性能的轻质组分被塔底吸入的 _____ 携带到塔顶，通过 _____ 和 _____ 设备抽入 _____ 槽进行回收。

（6）来自 _____ 的冷却水分为 _____ 路，一路去 _____ 进行喷淋，另一路经过 _____ 设备后，去 _____ 塔。

（7）在离心泵出口，就地安装有 _____ 仪表，在往复泵出口，就地安装有 _____ 仪表。

（8）原料油与白土混合后，进入 _____ 设备，在该设备内外装有仪表，用来测量 _____ 并控制 _____ 其参量。

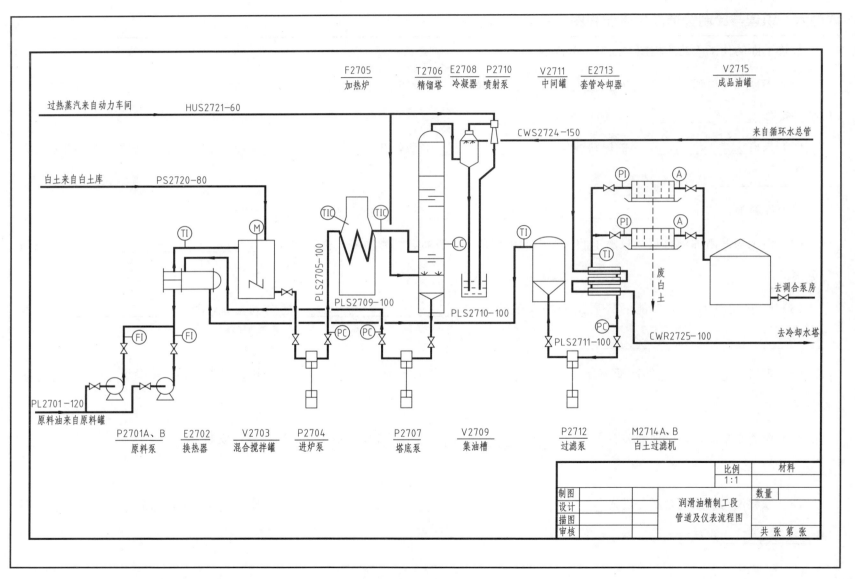

2. 识读下面的化工工艺流程图，回答下列问题。

（1）该流程图的类型是 _____ 工艺流程图。

（2）该流程图的名称是 _____。

（3）该岗位共有 _____ 台设备，分别是 _____（R0401）、_____（E0401）、_____（V0408A）、_____（V0408B）。

（4）流程图中 CWS 代表 _____ 物料。

（5）来自 V0406 的工艺液体沿管道 _____ 进入 _____ 通过夹套内的 _____ 加热，使工艺液体部分蒸发变成蒸气，为了提高效率，蒸馏釜内装有 _____ 装置，为了控制温度，釜上装有 _____ 仪表 TI0401。

（6）釜中产生的气态物料沿管道 _____ 进入 _____，冷凝后的液态工艺物料沿管道 _____ 流入 _____（V0408B）中，然后沿管道 _____ 去物料储槽（V0409）。

（7）蒸馏釜中蒸馏工艺物料后的残渣，加水（水由管道 _____ 进入）稀释后，进入蒸馏釜 R0401，再继续加热，生成的蒸气进入 _____（E0401），冷凝后的物料沿管道 _____ 进入 _____（V0408A）中，然后经过管道 _____ 去物料储槽（V0410）。

（8）蒸馏釜、真空受槽 A 和真空受槽 B 的顶部分别装了 _____，管子编号分别为 _____、_____、_____，其作用是 _____。

（9）为了控制真空排放，在真空排放管 _____、_____ 上装有 _____ 仪表 PI0401、PI0402。

（10）蒸馏釜 R0401 夹套内的加热蒸汽由蒸汽总管 _____ 流入夹套内，把热量传递给物料后变成 _____ 从管道 _____ 流出。

（11）该流程图上所用阀门均为 _____ 阀，阀门数量为 _____。

（12）该流程图上所用仪表有 _____ 和 _____。

（13）在管道 _____ 上还装有视镜，安装视镜的主要作用是 _____。

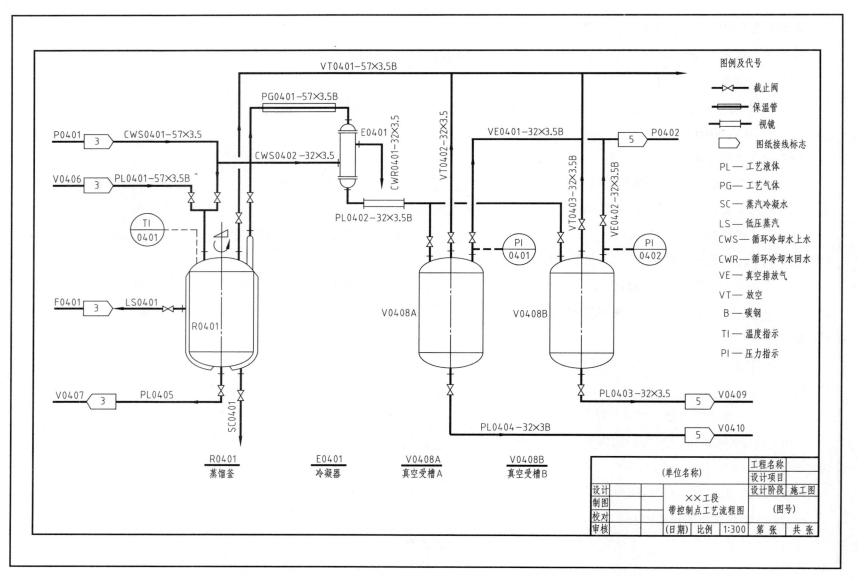

3. 请指出下图中的错误（在图形中直接标出），并且按照正确的画法重新绘制该流程图 (有关代号及数字自填)。

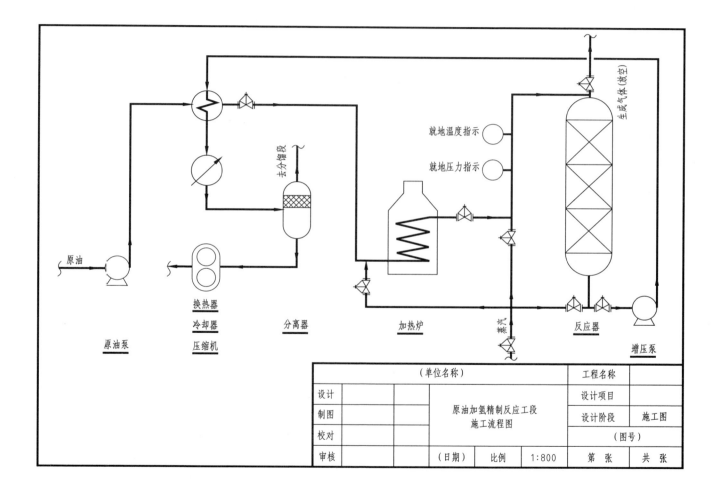

4. 识读下面的全国化工生产技术技能大赛精馏实训装置带控制点工艺流程图。

（1）该流程图中用到的储罐类设备有几个？写出对应设备的位号。

（2）该流程图中用到的泵的类型有哪些？用到的泵类设备有几个？分别写出对应设备的位号。

（3）该流程图中用到的换热器有哪些？分别写出对应设备的位号。

（4）该流程图中用到的塔的类型是什么？写出设备的位号。

（5）该流程图中用到的现场控制仪表有哪几类？各类仪表有几个？写出对应仪表的位号。

（6）该流程图中用到的 DCS 控制仪表有哪些？写出对应仪表的位号。

（7）该流程图上用到的阀门有哪几种？分别写出对应阀门的数量。

（8）请简要写出主要物料的输送流程。

（9）循环冷却上水分为哪几路进入哪些设备？

（10）学习 AutoCAD 后，请根据工艺流程图绘制原则，结合现场装置重新绘制带控制点工艺流程图，并完成标题栏、图例等的编制。

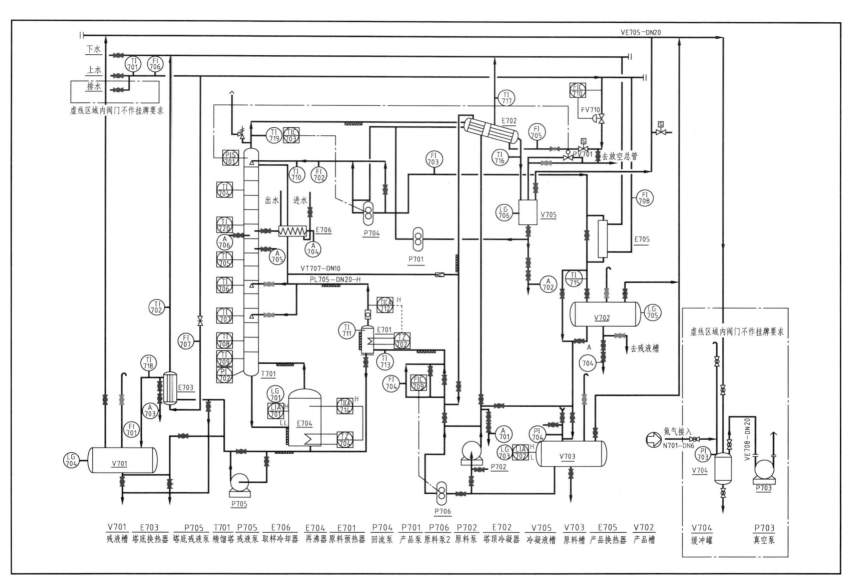

项目四　识读与绘制化工车间设备布置图

课题一　认识建筑制图

1. 请列举关于建筑制图的国家标准 _____、_____、_____、_____、_____。

2. 建筑物的层高一般为 0.3m 的倍数，最低不得低于 _____ m，每层高度尽量 _____，不宜变化过多。

3. 建筑物的走廊宽度为单面 _____ m，_____ m；双面 _____ m，_____ m。

4. 人孔、手孔设置的平台与人孔底部的距离宜为 _____ m，不宜大于 1.5m。

5. 斜梯的角度一般为 _____，由于条件限制也可采用 55°，每段斜梯的高度不宜大于 _____ m，超过此高度时应设梯间平台，分段设梯子。

6. 房屋建筑图的视图包括 _____、_____、_____。

7. 建筑制图的尺寸标注包括 _____、_____、_____、_____。

8. 建筑制图的横向定位轴线，水平方向 _____ 采用 _____ 等进行编号；纵向定位轴线，垂直方向 _____ 采用 _____ 等进行编号。定位轴线编号中采用的小圆直径为 _____ mm。

9. 标高符号一般以 _____ 线绘制，标高数字应以 _____ 为单位，注写到小数点后面第 _____ 位。零点标高应注写成 _____。

10. 索引符号是用 _____ 线绘制的直径为 _____ mm 的圆。

11. 建筑图中的方位标包括 _____、_____、_____。

12. 在房屋建筑中起支承荷载作用的有 _____、_____、_____ 等；沟通房屋内外与上下的交通结构有 _____、_____、_____ 等；起通风、采光、隔热作用的有 _____、_____、_____ 等。扶手、栏杆、女儿墙等起 _____ 作用。

课题二　认识设备布置图

1. 设备布置图包括哪些内容？

2. 设备布置图定位轴线如何标注？

3. 设备布置图对设备需要标注哪些内容？

课题三　识读与绘制设备布置图

1. 根据下方某石化公司××车间布置图，回答问题。

（1）概括了解。

该设备布置图由 _____ 和 _____ 两张图纸组成。第一张图纸包括一组视图，分别是 _____、_____、_____、_____；第二张图纸是 _____ 视图，绘图比例为 _____。

（2）了解建筑物的结构和尺寸。

该图画出厂房的定位轴线，其中横向定位轴线有 _____，纵向定位轴线有 ____，其横向轴线间距分别为 ____mm、____mm，纵向轴线间距为 ____mm。该厂房共 ____ 层。一层厂房标高为 ____，二层标高为 ____，三层标高为 ____。

（3）看平面图和剖面图。

由图可知，原料槽 V101 的中心轴线距定位轴线Ⓑ的距离为 ____mm，距定位轴线②的距离为 ____mm，其基座标高为 ____mm；精馏塔 T101 上法兰面的标高为 ____mm，基座标高为 ____mm。

预热器（E101）的中心轴线距定位轴线Ⓑ的距离为 _____mm，距定位轴线②的距离为 _____mm，预热器的支座位于 _____ 平面，预热器位于精馏塔（T101）的正 _____ 面，两者之间距离为 _____mm。

原料槽（V101）的中心轴线距定位轴线Ⓐ的距离为 _____mm，距定位轴线②的距离为 _____mm，原料槽位于预热器（E101）的正 _____ 面，两者之间距离为 _____mm。

原料泵（P101a）距定位轴线②的距离为 _____mm，距定位轴线Ⓐ的距离为 _____mm，距原料泵（P101b）的距离为 _____mm，原料泵（P101b）在原料泵（P101a）的正 _____ 面。

（4）归纳总结。

该车间共有 ____ 类设备，共 ____ 台设备，其中设备 _____ 穿越了三层楼板，图中右上角是 ____，指明了厂房的安装方位基准。

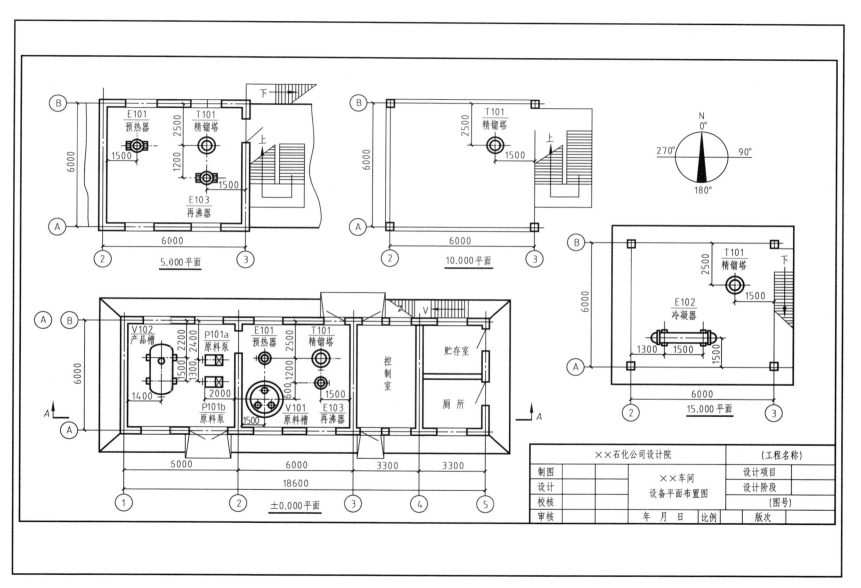

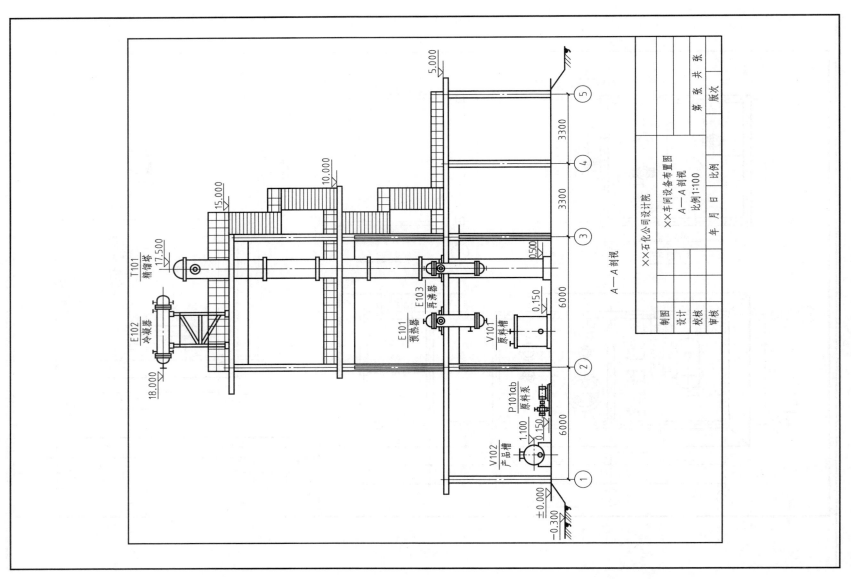

2. 平面布置图识读。

识读下面的平面布置图，其中图中对应的设备名称及规格见下表。

序号	位号	名　称	规　　格
1	T201	脱氧塔	立式，圆筒；外形尺寸 ϕ2100mm×13420mm 容积：V=165m^3
2	P201	水喷射真空泵机组	真空度：23mmHg（A），最大排气量：110m^3/h（1mmHg=0.1333224kPa） 其中离心泵型号：38L-9 N=7.5kW 喷射型号：ZSB 水箱尺寸：1400mm×915mm×1300mm
3	P215	脱盐水进料泵	形式：离心式 流量：130m^3/h
4	E204	HDEW 加热器	列管式；外形尺寸：ϕ750mm×6300mm 换热面积：120m^2
5	E205	HDEW 加热器	列管式；外形尺寸：ϕ400mm×3956mm 换热面积：18m^2
6	V203A	HDEW 贮槽	立式、圆筒；外形尺寸：ϕ4800mm×12820mm 容积：V=165m^3
7	V203B	HDEW 缓冲槽	立式、圆筒；外形尺寸：ϕ3800mm×12570mm 容积：V=99m^3
8	P217	HDEW 循环泵	形式：离心式 流量：80m^3/h 扬程：30m
9	P218	HDEW 加料泵	形式：离心式 流量：276m^3/h 扬程：150m

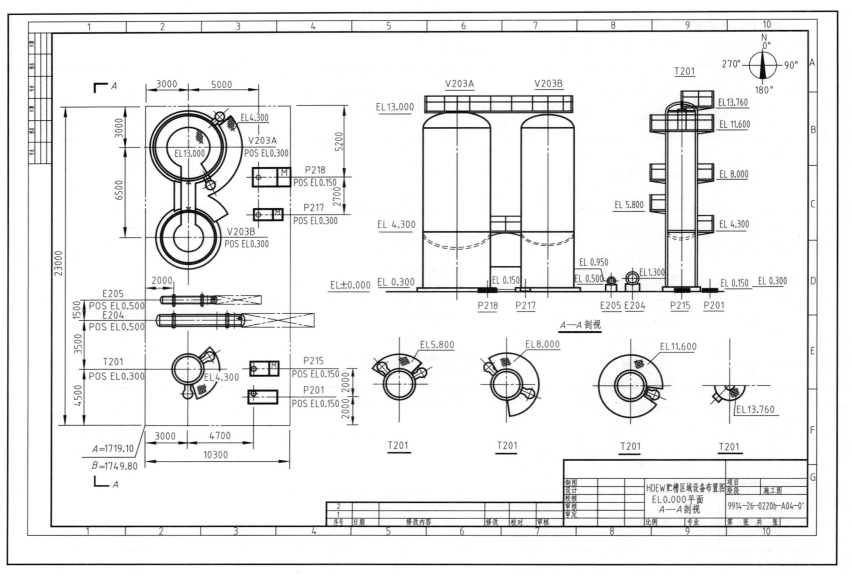

（1）了解概况。

由标题栏可知此图为某工程施工图的_____设备布置图，图号为_____。该设备布置采用了____个视图，其中一个为_____，_____个_____的局部平面图设备布置图，还有一个_____图，整个贮罐区域的设备全部_____布置，并且月双点画线框出区域范围为_____。

（2）识读建筑基本结构。

设备检修和操作有_____。两个贮罐有_____层平台，高度分别是_____和_____；另一台脱氧塔有_____层操作平台，平台高度分别是_____、_____、_____、_____、_____，都是以_____为基准。脱氧塔检修和操作平台形状大小由_____个局部平面图表示。

（3）掌握设备布置情况。

图纸右上角的_____（设计北向标志），指明了有关设备的安装方位基准。由于没有厂房定位，在贮罐区域的右下角标出了坐标点为 $A=$_____、$B=$_____。

① 脱氧塔（T201）。

脱氧塔横向定位尺寸为_____m、纵向定位尺寸为_____m（以坐标点为基准线，设备_____为基准），支承点标高是_____m，该设备在贮罐区域的_____。

② HDEW 加热器（E204）。

HDEW 加热器在脱氧塔_____，横向定位尺寸为_____m、纵向定位尺寸为_____m（以坐标点为基准线，该设备_____及_____为基准），支承点标高是 L_____m，中心线标高_____m，该设备图形的虚线部分表示_____。

另一台 HDEW（E205）加热器在它的_____面，_____相距_____m。

③ HDEW 循环泵（P217）。

循环泵横向定位尺寸为 _____ m、纵向定位尺寸为 _____ m（以坐标点为基准线，设备中心线及泵的 _____ 为基准），支承点标高是 _____ m，该设备用 _____ 表示泵的电机位置。

另一台 HDEW 加料泵（P218）在它的 _____ 面，_____ 相距 _____ m。

④ 水喷射真空泵机组（P201）。

水喷射真空泵机组布置在脱氧塔的 _____ 方向，横向定位尺寸为 _____ m、纵向定位尺寸为 _____ m（以坐标点为基准线，设备中心线及 _____ 为基准），支承点标高是 _____ m。

⑤ 脱盐水进料泵（P215）。

脱盐水进料泵横向定位尺寸为 _____ m、纵向定位尺寸为 _____ m（以坐标点为基准线，设备中心线及泵的出口管中心线为基准），支承点标高是 _____ m，该设备用 M 表示泵的电机位置。

水喷射真空泵机组在它的 _____ 面，_____ 相距 _____ m。

⑥ HDEW 贮槽（V203A）。

HDEW 贮槽在贮罐区域的 _____，横向定位尺寸为 _____ m、纵向定位尺寸为 _____ m（以坐标点为基准线，该设备中心线为基准），支承点标高是 _____ m。

另一台 HDEW 缓冲罐（V203B）在它 _____ 面，_____ 相距 _____ m。

3. 根据下面的氯乙烯车间布置图，回答问题。

（1）概括了解。

由标题栏可知，该图为氯乙烯压缩回收工段设备布置图。图中包含一组图形，分别是 _____、_____、_____ 和 B—B 剖面图。

（2）了解建筑物的结构和尺寸。

该图画出厂房的定位轴线，其中横向定位轴线有 _____，纵向定位轴线有 _____，其横向轴线间距为 _____mm，纵向轴线间距为 _____mm。该厂房为 _____ 层。一层厂房标高为 _____，二层标高为 _____，三层标高为 _____。

（3）看平面图和剖面图。

按不同标高，用三个平面图表示设备在不同平面上的布置情况。

在 EL±0.000 平面上，安装有 _____、_____、_____、_____、_____ 和两台 _____。

在 EL4.000 平面上，安装有 _____。

在 EL8.000 平面上，安装有三台 _____。

图中注出了各设备的 _____ 尺寸，以确定设备在厂房内的位置。在 B—B 剖面图上，可看出设备在高度方向上的布置情况。在图中注出了设备的标高。从平面图和剖面图中可以看出，设备的轮廓用 _____ 线表示，而其他部分用 _____ 线表示。

（4）归纳总结。

氯乙烯压缩回收工段共 _____ 类设备，共 _____ 台设备，分布在三个不同高度平面上，图中右上角是 _____，指明了厂房的安装方位基准。

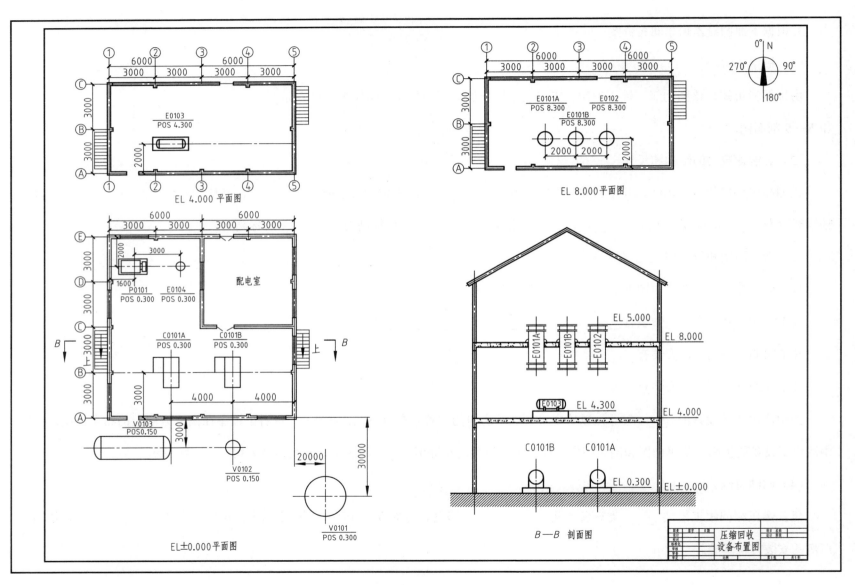

项目五　识读与绘制管道布置图

课题一　认识管道布置图的内容与作用

1. 一套完整的管道布置图包括哪些内容？

2. 管道的布置图包括哪些图样？

课题二　学习管道及附件的画法

1. 已知一管路的主视图和俯视图，请绘制左视图。

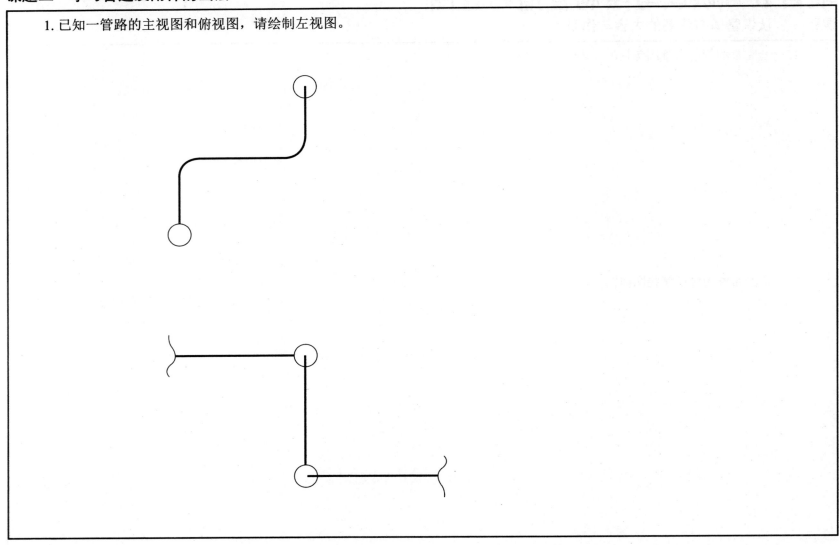

2. 已知一管路的平面图和正立面图，请画出其左视图。

3. 已知管道的平面图和立面图，请画出左、右立面图。
（1）

（2）

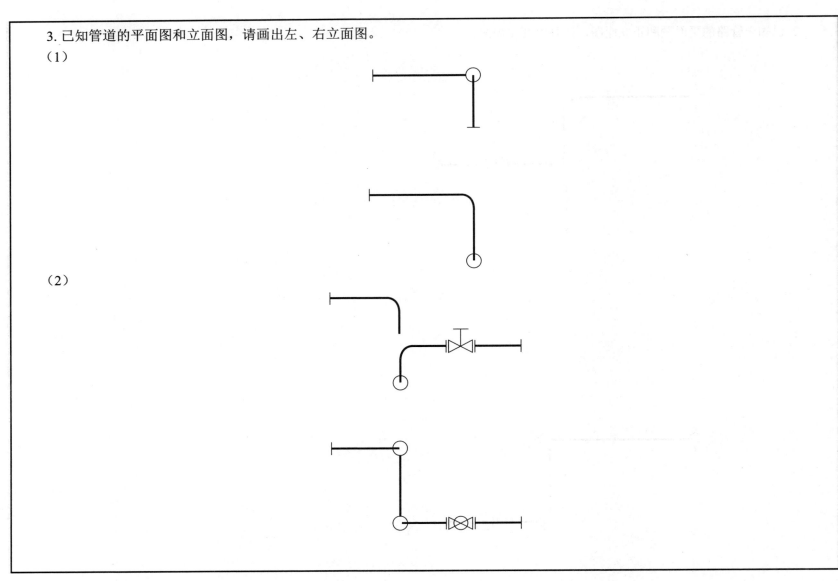

4. 已知管道的立面图，请画出管道的平面图。

（1）

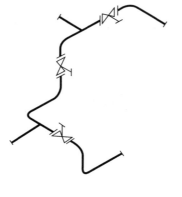

（2）

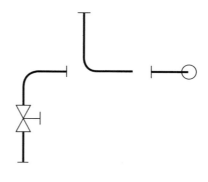

课题三 认识管道布置图的表达方法

1. 管道布置图以 _____ 为主。管道布置图的主要辅助图形是 _____。

2. 管道布置图中标注的标高采用 _____ 为单位，其余的尺寸采用毫米为单位。

3. 在管道布置图上的设备中心线上方标注与流程图一致的 _____，下方标注 _____ 的标高（如 POS EL××.×××）或 _____ 的标高（如¢ EL××.×××）。

4. 管道布置图的标注应以 _____ 图为主，标注出所有管道的 _____、_____ 及 _____。

课题四　识读与绘制管道布置图

1. 识读下面的管道布置图。

（1）通过标题栏可知，该图为××工段管道布置图＿＿＿＿＿＿平面图和＿＿＿＿＿＿图。

（2）PL0401-φ57×3.5B 物料管道从标高＿＿＿＿＿＿m，由＿＿＿＿向＿＿＿＿拐弯向＿＿＿＿进入＿＿＿＿＿＿。

（3）水管 CWS0401-φ57×3.5 由＿＿＿＿向＿＿＿＿拐弯向＿＿＿＿，然后分为两路，一路向＿＿＿＿拐弯向＿＿＿＿与＿＿＿＿＿＿相交；另一路由＿＿＿＿＿＿再向＿＿＿＿＿＿拐弯向＿＿＿＿＿＿，然后又向＿＿＿＿＿＿，转弯向＿＿＿＿＿＿再向＿＿＿＿＿＿接＿＿＿＿＿＿。物料管与水管在蒸馏釜、冷凝器的进口处都装有＿＿＿＿＿＿＿阀。

（4）PL0402-φ57×3.5B 管是从＿＿＿＿＿＿下部连至＿＿＿＿＿＿V0408A、V0408B 上部的管道，它先从出口向下至标高＿＿＿＿＿＿处，向东分出一路转弯向下过入＿＿＿＿＿＿＿＿，原管线继续向东，又转弯向＿＿＿＿＿＿再向＿＿＿＿＿＿进入真空受槽 0408B，此管在两个真空受槽的入口处都装有＿＿＿＿＿＿阀。

（5）VE0401-φ32×3.5B 管是连接真空受槽 V0408A、V0408B 与＿＿＿＿＿＿＿＿的管道，由真空受槽 V0408A＿＿＿＿＿＿部向＿＿＿＿＿＿至标高＿＿＿＿＿＿＿＿的管道拐弯向＿＿＿＿＿＿＿与真空受槽 V0408B 顶部来的管道汇合，汇合后继续向＿＿＿＿＿＿与＿＿＿＿＿＿＿＿相接。

（6）VT0401-φ57×3.5B 管是与＿＿＿＿＿＿＿、真空受槽 V0408A、V0408B 相连接的＿＿＿＿＿＿＿管，标高＿＿＿＿＿＿m，在连接各设备的立管上都装有＿＿＿＿＿＿阀。

班级＿＿＿＿＿＿＿＿　姓名＿＿＿＿＿＿＿＿　学号＿＿＿＿＿＿＿＿

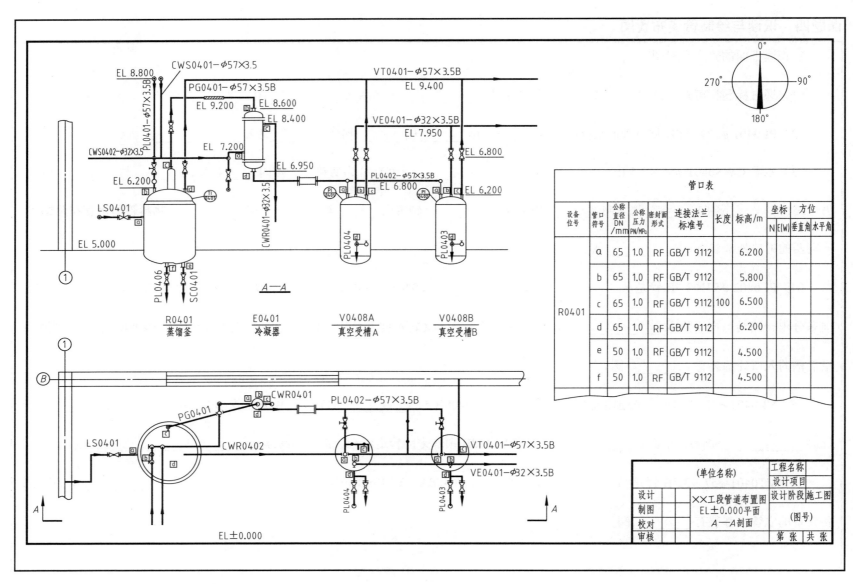

2. 阅读润滑油精制工段部分管路布置图。

（1）概括了解。

① 该图为 _____ 工段 _____ 布置图，共有 _____ 台设备。

② 该图画出了 _____ 设备的 _____ 个管口和设备的 _____ 个管口的管道布置情况。

③ 该图共用了 _____ 个视图，一个是 _____ 视图，一个是 _____ 视图。

（2）了解厂房相关建筑的构造尺寸。

① 图中厂房有纵向定位轴线 _____，横向定位轴线②、③的间距为 _____m。

② 建筑轴线②确定了设备 _____ 容器法兰面的定位，设备中心线距纵向定位轴线Ⓑ为 _____m。

③ 建筑轴线③确定了设备 _____ 中心线的位置，其距离为 _____m。设备中心线距纵向定位轴线Ⓑ为 _____m。管道布置有架空部分、_____ 部分和 _____ 部分。

（3）分析管道，了解管道情况。

① 润滑油管道自地沟来，从换热器 _____ 部进入，从换热器 _____ 部出来，去 _____ 罐。

② 塔底白土与润滑油混合物料，自塔底泵来，从换热器 _____ 部位进入，从换热器壳程下部出来，然后去了 _____ 设备；中间罐底部管道由 _____ 位置去泵房（过滤泵）。

（4）详细查明管道走向、管道编号和安装高度。

① 设备E2702的管口均为 _____ 连接，设备E2702壳程出口编号为PLS2710-100，其管道从出口开始，先向 _____，沿地面再向 _____，然后向 _____ 进入管沟，在管沟里向 _____，再向上出管沟，最后拐向 _____，从设备V2711顶部进入。其管口标高为 _____m。

② 设备V2711的底部管线PLS2711，自设备底部向 _____，沿地面拐向 _____，再向 _____，然后进入地沟。

（5）了解管道上阀门管件，管架安装情况。

设备E2702管程出口管线LO2705-80的标高为 _____，经过编号为 _____ 的管架去白土混合罐。在设备 _____ 的入口管上安装有 _____ 仪表。在设备 _____ 的出口管线上安装有 _____ 仪表。

班级_____ 姓名_____ 学号_____   83

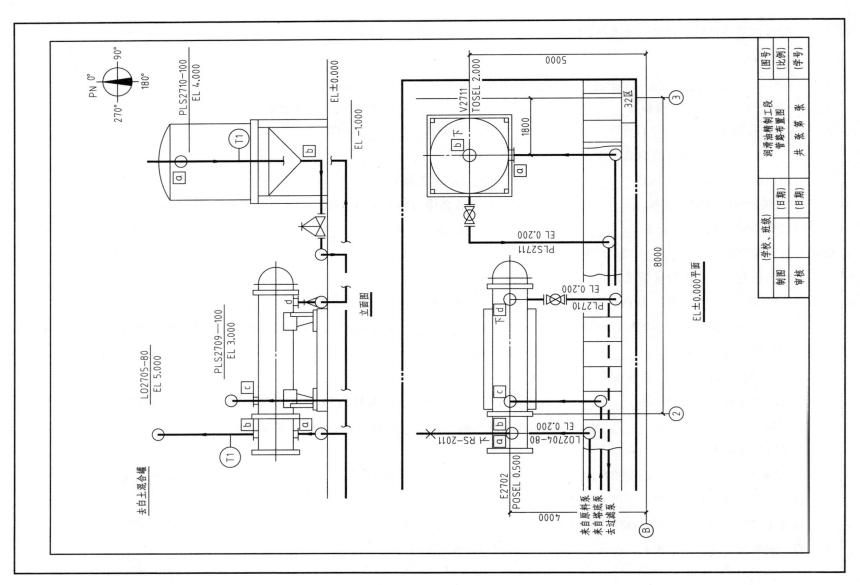

参 考 文 献

[1] 郝坤孝,吕安吉主编. 化工制图习题集.2版. 北京:化学工业出版社,2020.
[2] 于传浩,林大均,杨静主编. 化工制图习题集.3版. 北京:高等教育出版社,2021.
[3] 董振珂主编. 化工制图习题集.2版. 北京:化学工业出版社,2010.
[4] 吕安吉,郝坤孝主编. 化工制图.2版. 北京:化学工业出版社,2020.
[5] 李平,钱可强,蒋丹主编. 化工工程制图. 北京:清华大学出版社,2014.
[6] 林大均,于传浩,杨静主编. 化工制图.3版. 北京:高等教育出版社,2021.

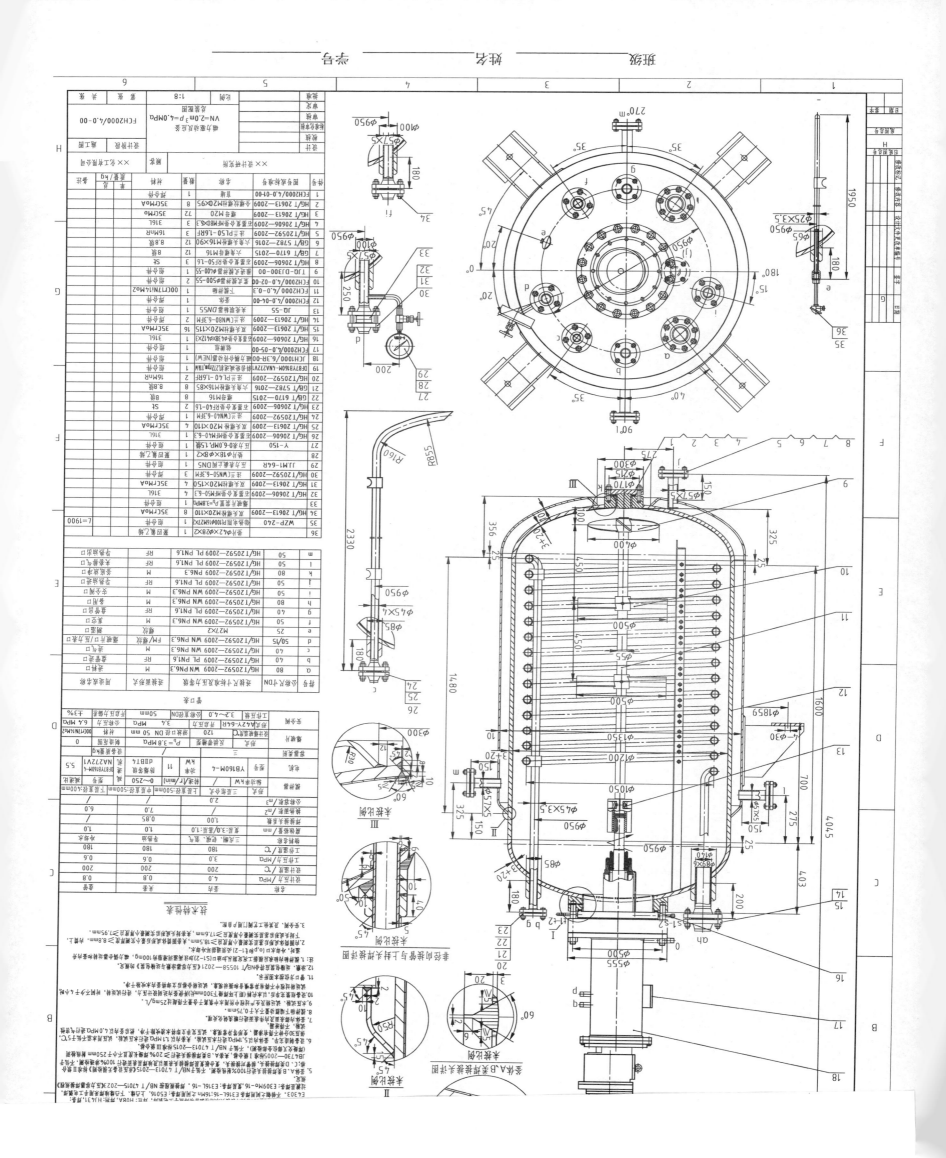

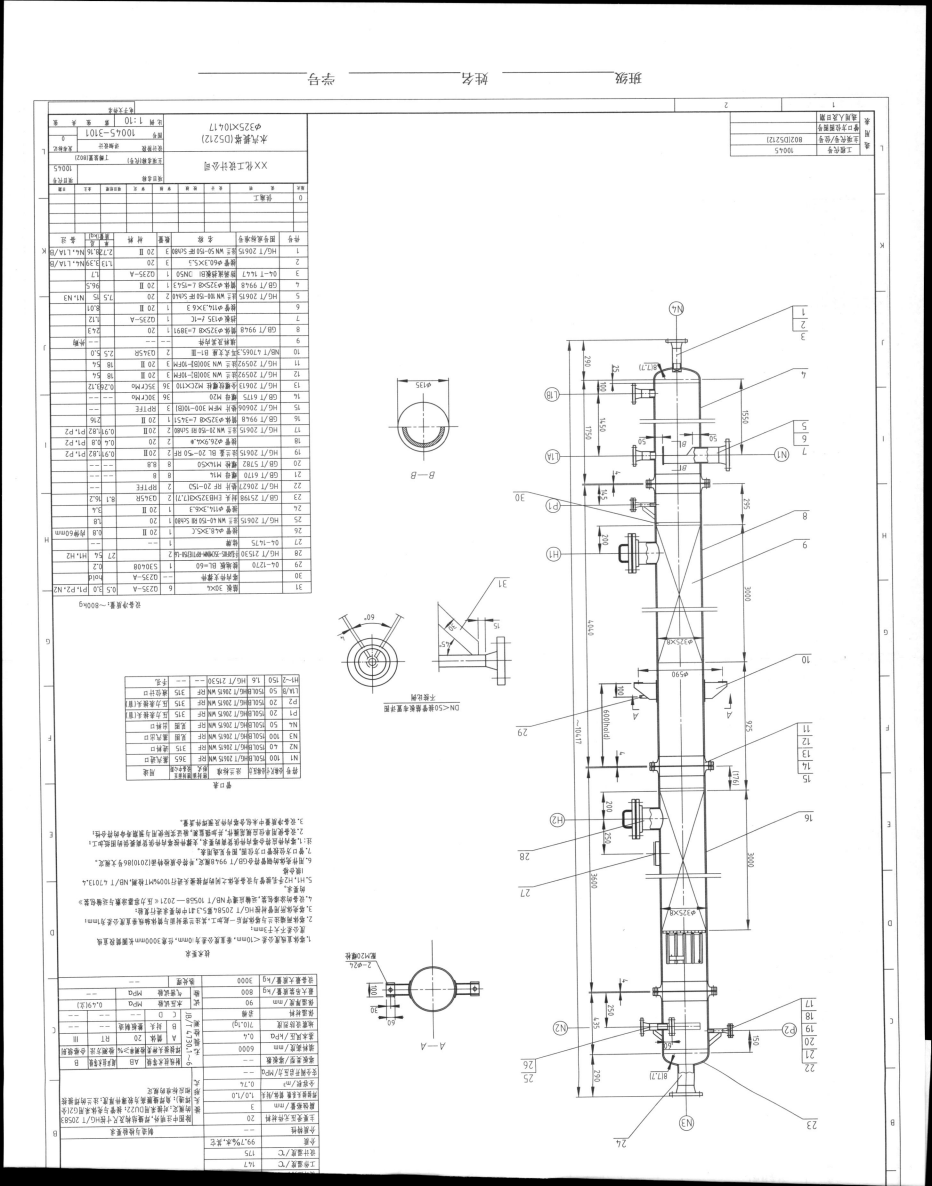

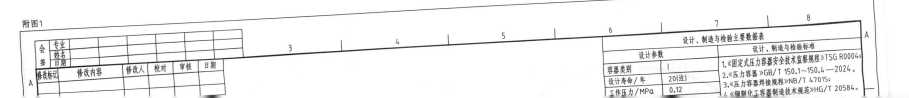

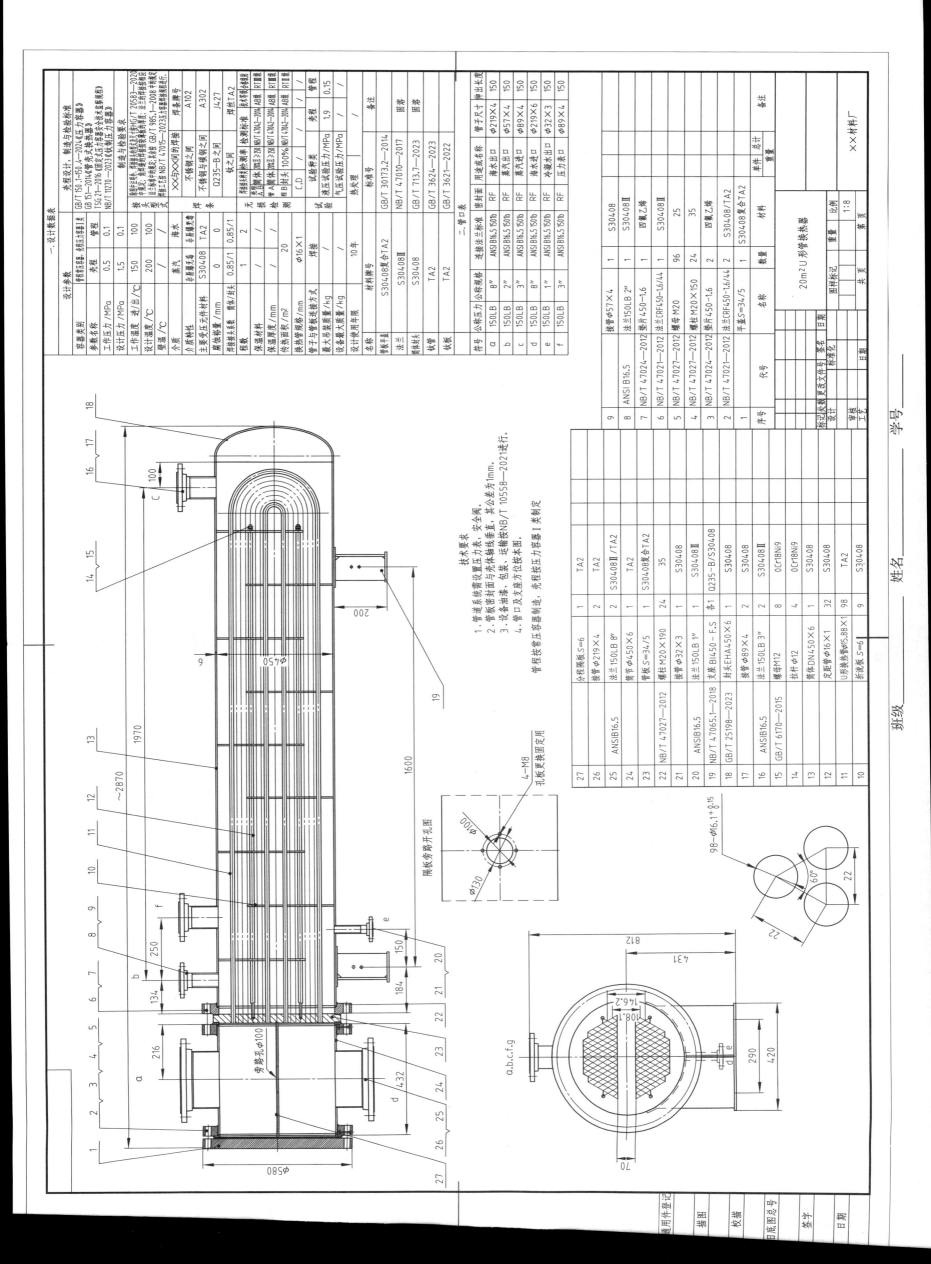

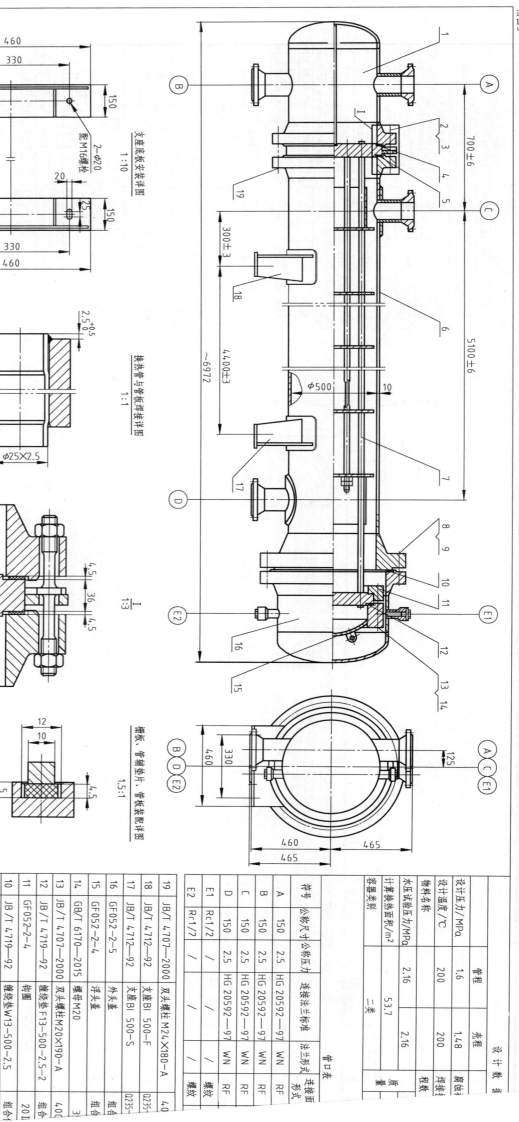